*Le Burn-out
parental*

부모
번아웃

Le Burn-out parental

부모
번아웃

이유 없이
울컥하는
부모를 위한
심리학

모이라 미콜라이자크
이자벨 로스캄 지음

김미정 옮김

심심

일러두기

- 본문의 지은이 주는 ◆로, 옮긴이 주는 ●로, 후주는 아라비아 숫자로 표시했습니다. 지은이 주와 옮긴이 주는 본문의 이해를 돕기 위한 내용이고, 후주는 자료의 출처 입니다.
- 단행본의 제목은 《 》로, 프로그램이나 기사 제목은 〈 〉로 묶었습니다.

우리 어머니들,
우리의 배우자와 아이들,
이 세상의 모든 위대한 어머니, 아버지에게

언젠가 지쳐 주저앉을지도 모르는 그들을 위하여

들어가는 말

여기 두 명의 엄마, 이자벨과 모이라가 있다. 한 사람은 아이가 다섯이고(나이는 6세부터 20세까지 다양하다), 다른 한 사람은 6세인 딸이 하나 있다. 두 사람은 가정생활 외에도 공통점이 하나 더 있다. 둘다 루뱅 가톨릭 대학교 심리학부의 교수라는 점이다. 이자벨은 흔히 '문제아'로 불리는 청소년을 담당하는 부모학 전문가이며, 모이라는 정서적 유능성* 및 스트레스 관리 분야의 전문가다. 두 사람은 2015년 학내 행사에서 친밀하게 대화를 나누던 중 '부모 번아웃'이라는 주제에 공통된 관심을 갖고 있다는 사실을 알게 되었다. '부모 번아웃'은 당시 언론에서 중요하게 언급되면서도 정작 이에 대한 과

● 자신의 감정과 타인의 감정을 이해하고 표현하며 활용하는 능력(9장 참고).

학적 연구를 찾아보기는 힘든 상황이었다. 두 사람은 부모 역할을 감당하며 완전히 탈진했으나 여전히 분투 중인 이들을 직접 만나 이야기를 들어봄으로써 그간 다루어지지 않은 연구의 퍼즐을 맞춰 가기로 했다. 그리하여 여섯 차례에 걸친 연구와 부모 3천 명의 인터뷰 자료가 모였고, 이 정보가 필요할 사람들에게 공유해야겠다고 생각했다. 이 책의 2쇄를 출간할 시점에는 프랑스어권 및 영미권 부모 8천 명이 추가로 10여 회의 연구에 참여했으며, 국제적으로 진행된 연구에 전 세계 45개국 부모 2만 명이 참여했다.

'부모 번아웃' 연구는 우리 두 사람의 개인적 경험과 학문적 관심사가 통합되는 과정에서 이루어졌다. 우리는 이번 연구에서 다음 두 가지를 경계했다. 첫째, 너무 특수하거나 관심도가 떨어지는 부모의 사례는 선정하지 않으려고 주의했다. 번아웃을 예방하기 위해 할 일과 하지 않아야 할 일을 알려주고, 모범이 될 만한 사례들을 소개하기 위해서였다. 둘째, 실생활 속 구체적 관심사와 동떨어진 지나치게 학문적인 논의는 지양했다. 이런 양극단을 최대한 경계하며 우리의 경험을 절대적 진리인 양 단언하지 않고, 연구의 과정과 결과를 무미건조하거나 추상적인 방식으로 전달하지 않으려고 노력했다.

이 책은 부모 번아웃의 원인이 무엇이며, 증상은 어떻게 나타나고 점차 심해지는지 정확히 이해할 수 있도록 돕는다. 이론적 관점뿐 아니라, 부모 본인의 상황을 명확히 파악할 수 있는 진단지를 수록했고, 번아웃을 예방하고 극복하기 위한 구체적인 조언을 담았다.

우리는 과도한 피로감에 소진된 부모들을 위해 이 책을 썼다. 많은 부모가 '부모 번아웃'이 어떤 것인지 정확히 파악하려고 노력한다. 자신이 어느 정도 번아웃 양상에 근접했는지(혹은 거리가 먼지), 어떤 과정을 거쳐 번아웃에 빠지는지, 왜 '번아웃'이 그토록 부모를 짓누르는지, 어떻게 이를 극복할 수 있는지, 앞으로 번아웃을 예방하려면 어떤 노력을 해야 하는지 등등 부모에게 꼭 필요한 정보를 담으려고 최선을 다했다. 이 책에서 자신에게 맞는 정보를 찾아, 어려움을 해결하는 데 적극적으로 활용하기를 바란다.

차례

2부 부모 번아웃 솔루션

1부

부모 번아웃의 모든 것

1장

요즘
부모 되기

나는 화가 잔뜩 난 어린 아들을 달래주고 있었다. 그 모습을 지켜보던 할머니는 나를 쏘아보시다가 한숨을 쉬셨다. 내가 아이의 소란을 잠재우려고 애쓰는 동안 할머니는 이렇게 말씀하셨다. "우리 때는 상상도 못 할 일이야!" 그 말에 나는 화가 치솟았다. 그 상황에서 솔직히 그런 말을 듣고 싶지 않았지만 분위기를 망칠까 봐 입을 다물었다. 하지만 그 일은 계속 내 마음에 남아 있었다.

할머니 말이 옳다. 오늘날, 즉 21세기에 부모가 된다는 것은 예전과 완전히 다른 일이다. 아이의 화를 진정시키려고 분투하는 나와 달리, 할머니는 분명 '그런 시간 낭비'를 안 하고 사셨을 것이다. 나는 그 이유를 알고 싶었다. 감정을 말로 표현하는 지혜로운 어머니가 되려고 노력하고, 아이에게 온 신경을 다 쏟고, 아이가 평온을 되찾도록 온갖 해결책을 찾아주려고 했다. 그러나 진부하기 짝이 없는 이 과정의 마지막에 나는 완전히 나가떨어졌다. 아이 아빠를 쳐다봐도 한숨은 더 깊어질 뿐이었다.

만일 이런 일들이 훨씬 빈번하게 일어났다면 나는 결국 부모 번아웃에 빠지지 않았을까?

그 당시에도 확실히 그런 생각을 했다. 할머니라면 이런 종류의 질문을 떠올릴 일도 없었을 거라고. 그 이유는 무엇일까?

실제로 할머니는 '당신'의 부모 역할에 의문을 던진 적이 없었을 것이다. 할머니가 부모 노릇을 하던 1940년대에는 그런 건 관심사나 화젯거리도 아니었다. 언론이 부모라는 주제를 기삿거리로 다루기 시작한 것은 1980년대에 들어서였다. 부모가 자식을 위해 어떤 일을 해야 하고, 어떤 일은 하면 안 되는지 그 시기에 이르러서야 주목한 것이다. 1990년대에 이르자 연구자들도 이 주제를 본격적으로 다루기 시작했다. 그 후로 일반 잡지, 가정생활 정보지, 명망 있는 연구자들의 간행물에서 부모를 주제로 다룬 글들이 폭발적으로 쏟아져 나왔다.

오늘날 '부모 되기', 즉 '좋은 부모'의 역할과 아이를 행복하게 키우기 위해 부모가 해야 할 일은 모두의 관심사이다. 여기서 나는 '행복한 아버지나 어머니가 된다'라는 표현 대신 '아이를 행복하게 키운다'라는 표현을 사용했다. 실제로 전 국민이 관심을 갖는 것은 부모가 아니라 그들의 자녀이기 때문이다. 그런데 이 책에서 관심을 갖고 걱정하는 대상은 바로 부모들이다. 역사상 이토록 아이들에게 관심을 가진 시대가 없었다. 그만큼 현대 사회의 부모들은 전혀 쉬지 못하고 있다.

부모의 역할은 어떻게 달라졌을까

고대나 중세 시대, 아이는 생계를 위한 종신보험으로서만 가치를 지녔다. 여기에 해당하지 않는 아이는 관심조차 받지 못했다. 아이들은 폭력과 학대의 대상이었고, 부모의 소유물로 여겨졌으며, 아무도 그들을 보호해주지 않았다. 아이에게 폭력을 행사하는 것이 당연시되었다. 아이는 복종시켜야 하는 대상 혹은 '죄를 일삼는' 존재라는 통념이 퍼져 있었다. 당시 사람들은 어린 시절을 불행한 시기이자 개인의 자아 면에서도 보잘것없는 시기로 여기며, 그 시기가 지나가기만을 기다렸다.

아이들을 향한 어른들의 시선이 호의적으로 바뀐 것은 19세기부터였다. 아이에게 일을 시켜서는 안 되고, 모든 아이는 교육을 받아야 한다는 주장이 제기되었다. 20세기에 들어서자 비로소 진정한 변화가 일어났다. 아이들은 보호받아야 하는 존재라는 주장이 사회 전반에서 힘을 얻게 된 것이다. 1989년, '유엔아동권리협약'이 결실을 맺음으로써 역사적으로 중대한 시점을 맞았다. 협약이 규정한

54개 조항은 모두 '아동 최선의 이익*'을 조목조목 담고 있다. 몇 세기가 지나도록 아이에게 무관심했던 세계가 아이의 사회적·지적 발달, 정신적·육체적 건강, 삶의 질과 복지에 관심을 집중하게 된 것이다.

유엔아동권리협약에서는 여기서 더 나아가, 아이의 발달과 건강, 행복의 책임이 부모에게 있음을 명시하고 있다. 부모가 아이를 위해 이행해야 하는 의무 리스트는 길고 복잡하고 빽빽하며 끝이 없다. 부모들은 특히 "아이가 잠재력을 가진 모든 범위 내에서, 개성을 마음껏 펼치고 재능과 정신적·육체적 능력을 발달시키도록, (…) 자기 부모에 대한 존경심, 정체성과 언어 및 문화적 가치를 아이에게 가르치고, (…) 아이가 인생의 책임을 완수하도록 준비시키며, (…) 아이가 자연환경을 존중하도록 교육시켜야 한다."

사회는('유엔아동권리협약'에서는 '협약 당사국'이라 명명) 아이를 위한 편의 시설을 조성하거나, 학교를 지어주거나, 출생·가족 보조금을 지급하는 등 부모의 양육을 지원해야 한다. 이런 지원에도 불구하고 부모가 맡은 의무를 충분히 잘 해내지 못한다면? 그렇다면 사회는 전문적인 지원을 제공해 부모가 의무를 제대로 수행하도록 육아를 지원해야 한다. 예를 들면, 부모는 도움이 필요한 부분에서 전

* 아동과 관련된 모든 사항을 결정함에 있어서 아동의 권리 보호와 복지 증진을 최우선으로 고려하는 것을 의미한다.

문가들의 상담이나 자문을 받도록 권장된다. 만일 부모가 맡은 의무를 충분히 수행하지 못한다면, 사회는 아이의 이익에 반하는 부모에게서 아이를 떨어뜨려놓는 조치를 취하기도 한다. 아이는 자신을 학대하는 부모 혹은 아이의 교육 및 발달 과정에 부적격하다고 판정받은 부모에게서 분리될 수 있다. 아이를 양육하는 데 부적격한 이유로는 사회경제적 어려움◆, 건강상 문제가 있고, 심지어 고령의 나이도 문제시된다. 이탈리아에서는 아이를 양육하기에 너무 나이가 많은 부모에게서 아이를 분리시킨 사례가 있었다.

　나는 엄마가 되었을 때 이런 협약이 있다는 것도 몰랐다. 내 친구 중 그 협약을 아는 사람은 한 명도 없다. 그럼에도 우리는 압박감에 시달리고 있었다. 부모를 압박하는 분위기가 사방에 퍼져 있기 때문이다. 아기를 위한 최선은 모유수유라며 적극 권장하는 캠페인, 기저귀를 갈 때조차 활짝 미소 짓는 부모를 시시때때로 보여주는 광고들, 어린이집에 아이를 좀 늦게 데리러 가면 나를 판단하는 듯한 눈초리를 보내는 선생님들, 최악의 상황에서도 나보다 훨씬 훌륭하게 대처하는 것처럼 보이는 다른 부모들……

　21세기를 살아가는 부모는 그 어느 때보다 뼛속 깊이 아이에 대한 책임을 통감하는 중이다. 오늘날 부모는 자신이 늘 평가의 대

◆ 켄 로치 감독의 1994년작 영화 〈레이디버드 레이디버드Ladybird, Ladybird〉는 이를 완벽히 담아냈다.

상이 되며, 틈만 나면 육아 문제가 도마 위에 오른다는 느낌을 받는다. 그리고 끊임없이 자문한다. 나는 좋은 부모인가? 우리 아이는 행복한가? 나는 아이를 위해 최선을 다하고 있나? 아이를 위해 최고의 결정을 내렸나? 아이에게 긍정적인 피드백이나 리액션을 주고 있나? 단언컨대 우리 할머니는 이런 질문의 홍수 속에서 혼란을 겪지 않았을 것이다.

이러한 분위기가 형성된 데에는 심리학자들의 책임도 있다. 20세기 동안 엄마와 아이 사이의 애착 관계를 다룬 논문만 해도 수천 페이지는 될 것이다. 아이가 앞으로 균형 잡힌 인생을 살아가기 위해서, 친구들을 사귀고 학교에 잘 적응하고 성과를 거두기 위해서, '정상적인' 어른으로 성장하기 위해서, 이 애착 관계가 얼마나 중요한지 강조하는 논문을 학자들은 쉬지 않고 발표했다. 또한 애착이 잘 이루어지지 않을 경우 아이의 발달이나 건강에 해로울 것이라고 경고했다. 아이가 제대로 된 애착 관계를 형성하려면 부모가 어떻게 해야 하는지도 말했다. 애정과 유연성, 감수성, 일관성, 경청, 공감……. '완벽한 부모'를 구성하는 요소의 리스트는 끝이 없었다.

심리학계는 아이 교육을 두고 오랫동안 숙고했다. 아이와 관련된 결정에 아이를 어떻게 참여시켜야 하는가? 부모는 아이가 혼자 결정을 내리도록 내버려두어야 하는가? 언제부터 그렇게 해야 하는가? 과도한 애정으로 아이를 숨 막히게 하지 않으면서 너를 사랑한다는 걸 어떻게 보여주어야 하는가? 심리학자들은 오랜 시간에 걸쳐 아이의 발달과 정신 건강에 좋은 영향을 미치는 조건과 반대로 악영향을 끼치는 부모의 교육 행동을 정리해 기술했다. 이런 과정을 거쳐 아이에게 의미를 제대로 알려주지 않은 채 벌을 주거나 명령을 내리는 것이 좋지 않다는 결론에 이르렀다. 아이가 생애 초기에 받은 교육이 그들의 미래에 얼마나 큰 영향을 미치는지 보여주었던 것이다.

심리학자들은 애착 이론과 교육학 지식으로 무장하고 세상의 부모들에게 '슈퍼 맘' 혹은 '슈퍼 대디'가 되는 법을 배우라고 강요한 것이나 마찬가지였다. 그들은 교육 분야에서도 한 자리를 차지했고("부모와 학교 간 긴밀한 협력이 아이의 학교생활을 좌우한다"), 심리학 책들을 출간했으며(《내 아이가 반항할 때 무슨 말을 해주어야 하나? 무엇을 해야 하나?》[1]), 슬로건이나 벽보 등을 제작하여 배포하고 방송에서 캠페인을 벌였다("문제아는 항상 우리에게 할 말이 있다!"[2]). 또한 걱정 많은 부모들을 대변하는 모임을 조직했고("부모의 능력을 어떻게 개발할 것인가?") 컨퍼런스를 개최했으며("부모 되기는 아이와 놀이하는 것이 아니다"[3]), 텔레비전 뉴스에 등장하는 수백 가지 주제의 자문을 맡았다("성탄절과 성 니콜라스의 날에 아이 장난감을 어떻게 고를 것인가?", "테러 행위에 관한 아이의 질문에 어떻게 답할 것인가?").

부모들은 이를 지켜보며 세상이 주는 메시지를 또렷하게 주입받게 되었다. "아이가 명랑하고 똑똑하게 자라려면 당신이 굉장한 부모가 되어야 한다. 앞으로 어떻게 해야 할지 우리가 다 말해주겠다." 그러나 수많은 부모들은 머릿속에서 이를 다음과 같이 해석한다. "내 아이가 명랑하고 밝게 자라려면, 내가 평소의 나를 뛰어넘어야 한다. 나 혼자서는 그걸 해낼 수 없을 것이다."

'좋은 부모'라는 환상

심리학계는 '좋은 부모'에 대한 정의를 내놓음으로써 부모 역할을 강조하는 기조를 끝까지 밀어붙였다. 2000년대 초반 유럽에서 위촉된 심리학 전문가 위원회[4]는 긍정적 부모에 대해 이렇게 정의내렸다.

"'긍정적 부모'는 아이를 교육하고 안내하며, 아이가 자율적으로 행동하도록 돕는다. 즉 그들은 아이를 권리를 지닌 개체로 인식한다. 긍정적 부모 되기란 자유방임을 의미하지 않는다. '긍정적 부모'는 아이가 잠재성을 충분히 계발하도록 돕기 위한 기준을 갖고 있으며, 아이들과 학생들이 비폭력적인 환경에 거할 권리를 존중한다."

위원회는 또한 긍정적 부모 되기의 기본 원칙을 다음과 같이 규정했다.

- 아이가 사랑받고자 하는 욕구, 안전함에 대한 욕구를 충족할 수 있도록 교육하기
- 아이에게 안전한 느낌, 예측 가능한 루틴, 유익한 한계를 허용해주는 체계와 기준 마련하기
- 아이의 말을 적극적으로 경청하고 아이의 가치를 존중함으로써 권리주체로서 인정하기
- 아이에게 자율권을 부여하여 자신의 유능성을 자각하도록 돕고, 스스로 조절하는 능력을 북돋워주기
- 신체적·심리적으로 해로운 체벌을 금하는 비폭력적 환경 마련하기. 체벌은 아이의 권리, 신체적 온전함, 인간 존엄에 대한 위반임을 인식하기.

위원회의 권고에 따르면 아이는 다음과 같은 조건에서 훌륭히 성장하여 '최고'가 된다. 부모가 열정적으로 아이를 지지하며 아이와 즐거운 시간을 보낼 때, 아이가 마주하는 경험과 행동을 부모가 이해하려고 노력할 때, 아이가 따라야 하는 규칙을 잘 설명해주며 긍정적 행동은 칭찬하거나 강화해줄 때, 아이의 부정적 행동의 어떤 점이 잘못되었는지 설명해줄 때, 엄격한 체벌은 피하고 대신 타임아웃◆이나 용돈을 금하는 벌을 내리고 아이 스스로 잘못한 일에 용서를 구하도록 할 때 말이다.

◆ 아이를 잠시 따로 격리하는 것(예를 들면 방구석에 서 있게 하거나 다른 방에 있도록 한다).

내가 한 아이의 엄마가 된 것은 2000년대 초반이었다. 유럽 어디에선가 심리학자들이 모여 어떤 기준으로 아이를 양육해야 하는지 결정하고 있다는 사실은 꿈에도 몰랐다. 산부인과 병동에서 받은 책자를 열심히 들여다보아도 그들의 조언은 찾을 수 없었다. 내가 아는 한 긍정적 부모 되기에 대한 공식적인 정의는 발견하지 못했다. 반면 임신한 내 친구들은 대부분 주변 친구들에게서 아이를 키우는 데 도움이 된다는 '그 책'들을 선물 받았다. 《젊은 엄마 코칭 Coaching jeune maman》[5], 《나는 아이를 키운다 J'élève mon enfant》[6], 《초보 엄마를 위한 실용 가이드 Le Guide pratique des mamans débutantes》[7] 같은 책들 말이다. 이 책들에서는 긍정적인 부모 되기에 대한 접근을 찾아볼 수 있었다. 유럽 위원회 소속 심리 전문가들이 쓴 책이기 때문이다.

여러분이 이 책들을 읽지 못했다고 하더라도, 시시때때로 어머니나 아버지의 역할을 두고 잔소리를 들었을 것이다. 한번쯤은 아이 선생님이 여러분에게 면담을 요청할 것이다. 아이가 다른 아이들과 어울리지 못해 다소 힘들어한다면서 말이다. "마티아스 어머니, 남편 분과 사이는 괜찮으신가요? 마티아스가 자기 안에 틀어박히기 시작한 것이 남편께서 자주 출장을 다닌 때부터인 것 같습니다. 아이가 아빠를 자주 봅니까?" 다른 교사는 이렇게 말할지도 모른다. "브리외크에 대해 드릴 말씀이 있어서 두 분을 오시라고 했습니다. 예전에도 말씀드린 것처럼 아이가 분노를 표출한 일이 자주 있었습니다. 상황이 좋아지지 않아서, 저도 학급에서 아이를 다루는 일이 너무 힘들어졌습니다. 브리외크는 가정에서 좀 더 엄하게 대할 필요가 있는 것 같습니다. 원하신다면 아이를 도와줄 훌륭한 심리 상담사를 소개해드리겠습니다. 여기 그분의 이름이 있습니다. 매우 유능한 분이에요. 남편 분과 함께 방문해보세요."

이뿐 아니라 인터넷을 조금만 돌아다녀도 다음과 같은 사이트를 수없이 마주칠 수 있다. 사이트 이름만 들어도 아마 압박감이 느껴질 것이다. '고통스러운 엄마들[mamanquidechirent.com]', '날마다 아이에게 들려주는 문장 열 가지', '슈퍼맨 부모[les-super-parent.com]' 등등…….

이 모든 기준을 완벽하게 만족시키는 '긍정적인 부모'가 되는 일이 과연 가능한가? 말할 것도 없이 불가능하다. 직장에서 피곤에 절어 귀가하는 날에는 아이 말을 제대로 들어주기 힘들다. 어떤 날은 그저 그러고 싶지 않아서 혹은 인내심이 부족해서, 아이가 잘하는 걸 제대로 알아봐주거나 아이가 잘못한 일을 설명해주려는 노력조차 하지 않는다. 우리는 아이를 타이르거나 아이와 즐거운 시간을 보내기보다, 자신의 일을 생각하는 걸 좋아한다는 사실을 인정할 필요가 있다.

그렇다면 '긍정적인 부모 되기'는 닿을 수 없는 목표나 다름없다. 긍정적 부모라는 개념 때문에 부모는 자신에 대해 만족하지 못하고, 아이 일에 충분히 시간을 쏟는 대신 후다닥 처리했다는 죄책감에 시달린다. 아이가 부모 앞에서 자기한테 있었던 즐거운 일을 조잘조잘 이야기하는 걸 대충 한귀로 흘려들은 일, 아무것도 아닌 일에 불같이 화를 낸 일에 대해 죄책감을 느낀다. 신물이 날 정도로 말이다. 그러나 아무리 부모라고 해도 언제나 한결같이 성숙한 사람일 수는 없다. 부모란 잠시도 쉴 틈 없는 풀타임 근무에, 노력은 많이 드는데 보상은 불확실한 일과 같다. 한마디로 말도 안 되는 직업인 것이다!

'긍정적 부모 되기'가 손에 잡히지 않는 개념인데도 불구하고, 왜 그토록 그것을 정의하려고 많은 노력을 기울였을까? 현실에서 '긍정적 부모 되기'는 우리가 추구하는 이상 정도로 여겨야 한다. 전적으로 무능한 부모부터 완벽하게 긍정적인 부모까지, 부모 되기의 연속체가 존재한다고 하자. 후자는 성숙한 어른과 성숙한 아이가 만날 때에나 가능한 환상 속 이미지에 가깝다. 부모를 위한 서비스와 정보, 그리고 외부의 개입은 부모가 이상에서 너무 멀어지지 않을 정도로만 도움을 줘야 한다. 이상과 너무 동떨어진 부모는, 아이의 발달을 도울 수 없는 무능한 부모로 인식될 위험이 있기 때문이다. 사회는 최소의 도움을 제공하여, 부모가 연속체에서 이탈하는 것을 막는 일종의 마지노선 역할을 한다.

이 연속체상에서도 부모들이 처한 입장은 각기 다르다. 다양한 이유가 있겠지만, 우리는 부모를 다음과 같이 크게 세 그룹으로 분류했다. 첫째는 부모의 고유한 특징에 따른 그룹이다. 이들은 우울증이나 만성질환 등으로 고통을 겪거나 불안 수준이 굉장히 높은 부모로 긍정적 부모에 가까워지는 것이 아주 힘든 경우에 속한다. 둘째는 아이의 특징에 따른 그룹이다. 장애아나 마음대로 되지 않는 아이, 질병을 앓는 아이를 양육하는 경우, '이상적인' 부모를 향한 길은 훨씬 험난해진다. 셋째 그룹은 주변 상황이라는 특징으로 묶인다. 주변 여건이 '도와줄 경우' 긍정적 부모에 다가가기 쉬워진다. 예를 들어 아이와 유대감을 쌓는 활동을 할 수 있다든지, 아이의 발달에 도움이 되는 연수나 다양한 활동을 할 만한 충분한 경제적 여건이 뒷받침되는 경우다. 부부가 서로 의지하거나, 번갈아가며 육아를 담당하거나, 같은 교육관을 지니는 것도 부모 역할을 감당하는 데 도움이 된다. 친밀한 부부 관계는 주변에 있는 친한 친구들, 친부모나 시부모/처부모, 대부나 대모의 존재와 동일한 효과를 발휘한다.

위의 세 가지 특징에 따라 부모는 자신의 역할을 좀 더 수월하게 해내기도 하고, 오히려 장애물을 만나기도 한다. 부모들은 각자 이상적 부모를 향해 가는 길 어딘가에 위치한다. 이 길에서 부딪히는 장애물이 너무 크거나 많을 경우 부모들은 마지노선 바깥으로 이탈하게 된다.

누구나 번아웃에 빠질 수 있다

번아웃은 위에서 언급한 연속체상에서 부모가 처한 입장에 따라 좌우되는 문제일까? 그렇게 보기는 힘들다. 번아웃은 우리가 결코 닿을 수 없는 이상향을 목표로 삼는 데서 오는 압박으로 인해 나타나는 것이다. 누구나 좋은 부모가 되고 싶어 한다. 언제나 애정이 넘치고 아이에게 주의를 기울이며, 유연성과 인내심을 갖추고, 해서는 안 되는 일과 한계에 있어서 정확히 결정을 내리고, 아이의 잘한 행동을 적절히 보상해주고, 무작정 판단하거나 제약하기보다는 아이가 개성을 마음껏 발현하고 자율적으로 행동할 수 있는 분위기를 마련해주는 그런 부모가 되기를 말이다.

하지만 언제나 그렇게 기대에 부응하는 부모가 되는 것은 불가능하다. 이제 죄책감과 미칠 듯한 좌절감이 엄습한다! 더 나아가, 다른 부모들은 이미 완벽한 부모의 경지에 가 있다는 상상을 하게 된다. 자신은 그토록 바라던 모습의 부모가 되지 못했다는 사실을 어디에서도 털어놓지 못한다. 더 나쁜 것은 우리 아이도 내가 바라던 그런 모습이 아니고, 나의 인생 역시 그렇지 않다는 것이다. 5장에서 구체적으로 살펴보겠지만, 이러한 좌절감에서부터 부모 번아웃 증후군이 비롯된다.

연구 결과, 부모 역할을 완벽하게 잘해내고 싶어 하는 사람일수록, 훌륭한 부모로 가는 길을 가로막는 온갖 장애물 앞에서 긍정적 부모 되기가 이룰 수 없는 목표임을 절감하고 번아웃의 희생양이 되는 경향이 있었다. 그러나 피할 수 없는 장애물과 늘 맞서 싸울 수는 없는 일이다. 그 장애물을 넘어서는 과정이 우리에게 달렸다고 해도, 이를 극복할 힘이나 방법이 늘 있는 것도 아니다. 아이에게 헌신하는 최고의 부모가 되고 싶겠지만, 아무리 노력해도 어쩔 수 없는 문제가 아이에게 있기 마련이고, 건강상 문제나 부부 갈등, 직장이나 소득 등 현실적으로 극복하기 힘든 부모 개인의 문제들도 감당해야 하기 때문이다. 이 때문에 정체된 느낌, 발버둥을 쳐도 앞으로 나아가지 못하고 있다는 느낌에 사로잡힌다. 정체감은 번아웃으로 이어지는 또 다른 문이다. 결국, 아이에게 이상적인 부모가 되려는 꿈이 언제나 좋은 결과를 불러오지는 않음을 알 수 있다. 번아웃을 예방하기 위한 바람직한 태도는 아이에게 언제나 가장 좋은 것을 주고 싶을지라도, 우리가 어찌할 수 없고 선택할 수 없는 상황이 인생에는 존재하므로 아이에게 모든 걸 다 해줄 수 없다는 사실을 받아들이는 것이다.

그렇다면 번아웃에 빠지는 부모는 주로 이상적 부모 모델에서 멀리 떨어졌거나, 마지노선을 이탈한 이들만 해당될까? 목표를 너무 높게 잡으면 언젠가 이를 성취하고 싶다는 희망마저 잃어버릴 수 있다는 점을 생각해보자. 이 경우 부모는 자원과 노력을 투입하는 걸 포기하거나 낙담에 빠진다. 이러한 낙담과 사기 저하는 번아웃으로 이어지는 또 다른 문이다.

그렇다면 결국, 누구나 번아웃 증후군에서 자유롭지 못하다는 말이 된다.

- 우리 모두는 아이에게 최고의 부모가 되기를 원하기 때문이다.
- 우리는 아이를 향한 책임과 의무가 얼마나 중요한지 확실히 인식하고 있기 때문이다.
- 이러한 책임과 의무는 엄청난 부담으로 우리를 짓누르기 때문이다.
- 부모라는 역할을 복잡하게 만드는 문제에 맞서 무엇이든 해야 하기 때문이다.
- 아이 선생님이나 사회복지사, 교육자, 판사, 상담사 앞에서 우리가 언젠가는 '좋은 부모가 될' 능력이 있다는 걸 보여주어야 하기 때문이다. 그만큼 사회의 시선은 우리에게 스트레스를 주기 때문이다!

우리는 번아웃에 빠질 위험이 있는 모든 부모, 자녀를 사랑하는 부모, 스스로의 한계를 뛰어넘으려고 안간힘을 쓰지만 결국 무너지고 고통스러워하는 부모를 위해 이 책을 집필했다.

2장

부모 되기의
기쁨과 스트레스

세상은 부모의 행복만 이야기한다

한번도 부모인 적이 없는 이들은 부모가 되는 일을 별것 아닌 일 혹은 굉장히 경이로운 일 둘 중 하나로 바라본다. 사회적 차원에서 볼 때 부모가 되는 일은 비교적 가벼운 취급을 받는다. 성인 대부분이 부모가 되는 경험을 하기 때문이다. 게다가 아이를 갖는 일도 누구나 거쳐가는 일이라 아이를 갖고 싶다는 바람을 문제 삼는 일도 거의 없다. 반면 개인 차원에서 볼 때 임신은 경이로운 일로 여겨진다. 부부가 아이를 가졌다는 소식이 전해지면 곧 엄청난 환영을 받는다. 임신은 좋은 소식이며 흔히 말해 '행복한 사건'이므로 마땅히 축하받아야 한다.

아이가 세상에 태어나면, 부모가 되는 일의 기쁨만이 전적으로 부각된다. "행복한 부모에게 진심을 다해 축하를 전한다." "너희 가족에게 태양 같은 선물이 도착했다니 얼마나 기쁜지 모른다. 너희가 지금껏 꿈꾼 것 중에 가장 멋진 선물이란다." "아기가 태어나면 무한한 기쁨과 행복이 시작된단다."

딸이 태어났을 때 우리 부부는 축하 인사와, 기쁨이나 행복이라는 단어를 헤아릴 수 없을 정도로 많이 들었다. 물론 그 말에 내포된 '힘내', '너희가 안쓰러울 뿐이야', '앞으로 힘들 때마다 우리가 있다는 걸 잊지 마'라는 의미를 알아차렸다 해도 당시에는 이상하다고 여겼을 것이다. 그럼에도 부모가 되는 일에는 경이로운 순간과 '더불어' 힘든 순간이 뒤따른다는 이야기는, 온 세상이 입을 다물기라도 한 듯 어디에서도 들을 수 없었다.

아이를 갖는 일은 놀라운 경사에 해당하므로, 첫 아이를 낳기 전부터 부모가 되는 일이 얼마나 스트레스가 심하고 힘든지 미리 헤아려보는 부모는 거의 없을 것이다. 그렇더라도 이 단계에서 솔직해질 필요가 있다. 우리 딸이 태어난 후 병원에 방문한 사람 중에서 두 사람만이 선심 쓰듯, 부모 되는 일에 고생이 뒤따른다는 것을 알려주었다. 손녀딸을 보고 기뻐 어쩔 줄 모르던 우리 엄마는 진지한 말투로 내게 말했다. "밤마다 고달프더라도 힘내야 한다. 좌절하지 말고……. 더 못 버틸 것 같으면 나한테 꼭 전화하고." 당시 아빠가 된 지 얼마 안 된 형부도 우리에게 이런 말을 건넸다. "고생길에 들어온 걸 환영해요!" 나는 앞에서 일부러 '선심 쓰듯'이라는 표현을 사용했다. 어머니는 아버지에게, 형부는 언니에게 괜한 이야기 말라고 한 소리 들었기 때문이다.

이렇듯 아이는 행복의 상징으로만 받아들여진다. 물론 부모가 되는 일이 얼마나 행복한 것인지 강조했던 사람들은 틀리지 않았다. 부모 되기는 경이로운 일이 맞다. 이를 알기 위해서는 겪어보기만 하면 된다. 아이들은 우리에게 사랑과 웃음, 온기를 전달하고 더나아가 우리 인생을 깊은 곳까지 속속들이 변화시킨다.

첫째, 아이는 인생에 무한한 의미를 선물한다. 아이를 갖는 일은 부모의 인생에 목표를 부여해주며 이는 인생의 나머지가 전부 무너질 때조차 그렇다.

둘째, 사회적으로 아이를 갖는 일은 가치 있게 여겨지며, 부모라는 새로운 정체성을 부여한다. 일이 있든 없든, 신체적으로 매력적이든 아니든, 친구들이 있든 없든, 당신이 부모라면 언제나 **대단한 사람**이 될 것이다. 사회적 관점(정부, 학교 등등)에서 당신은 중요한 사람이며, 아이에게 없어서는 안 될 사람이 된다. 오랜 시간 동안 당신은 아이의 눈에 가장 멋지고 강인한 최고의 엄마 혹은 아빠가 된다. 부모라면 누구나 자신보다 더 멋지고 강인하고 훌륭한 다른 부모가 있다는 걸 알고는 있지만, 아이가 자신을 이렇게 인식한다는 사실만으로도 자아존중감이 높아진다.

셋째, 부모가 되면 경이로움과 감탄 같은 긍정적 감정이 자주 찾아온다. 부모는 남이 보면 별것 아닌 일에도 자주 놀라움을 경험한다. 아이의 미미한 성장에도 부모는 흥분하거나 기쁨을 느끼기 때문이다. 아이가 처음 엄마를 쳐다보는 순간, 처음으로 웃는 순간, 학교 발표회에서 처음으로 제대로 된 무언가를 보여준 순간, 부모는 감탄을 금치 못한다. 이것은 부모의 입장에 서본 이들만 이해할 수 있는 경험이다.

마지막으로 가장 중요한 관점은, 부모가 되는 일이 사랑의 경험을 변화시킨다는 것이다. 아이를 향한 부모의 사랑은 모든 사랑 가운데 가장 지속적이고, 무조건적이며, 가장 심오하고 고상하고, 이해관계와 무관하며 희생적이다. 자식에게 느끼는 사랑, 피붙이에게 느끼는 지속적이고도 강렬하고 무한히 연결된 느낌은 부모의 인생에 활기를 가져다준다. 물론 그 사랑에 따르는 책임감의 크기 역시 헤아릴 수 없다. 앞으로 살펴보겠지만, 바로 이 사랑 때문에 부모의 삶에 수많은 스트레스가 발생한다.

부모의 스트레스 요인 다섯 가지

부모가 되는 일은 경이로운 사건임이 분명하지만 동시에 스트레스를 발생시키는 근원이기도 하다. 결정적으로 부모의 스트레스는 첫아이가 태어나기 전, 임신 사실을 확인한 순간부터 시작된다.* 임신으로 인한 합병증과 유산에 대한 불안, 태아의 건강 상태에 대한 걱정, 부모 역할이 추가되면서 변화될 부부 관계. 이 모든 것은 장차 부모가 될 이들의 적응력을 총동원하는 방향으로 진행된다.

아이가 태어나면서 부모의 스트레스는 치솟는다. 우리가 '스트레스 요인'이라 부르는 다양한 요소와 피로감 때문이다. 정확히 말하면, 모든 요소들이 스트레스를 증가시킨다. 출산 전후 심리 전문가인 디안 고댕^{Diane Godin}은 부모의 스트레스 요인을 크게 다섯 가지 범주로 묶었다. 단, 이 다섯 가지 범주의 스트레스 요인을 한 사람이 동시에 다 겪지는 않는다는 걸 알아두자.

첫째, 부모 역할로의 전환에서 비롯된 스트레스 요인들이 있다. 앞서 언급한 바와 같이, 이는 아이가 태어나기 전부터 생긴다. 예를 들어, 인공수정 및 유산에 대한 두려움 혹은 실제로 유산한 경험, 태아의 건강에 관한 걱정, 출산 과정에 대한 두려움, 임신 기간 동안 부부 관계와 성관계의 변화 등이 여기 포함된다. 출산 직후에 경험하는 가장 흔한 스트레스 요인은 업무 시간 재편과 적응, 가정 내 역할 부담의 가중, 개인 구매력 감소, 여가와 부부 관계에 할애된 시간 감소를 들 수 있다. 연구 결과, 부부 관계 만족도는 아이가 5세가 되는 시점까지 급격하게 감소한다. 이후 부부의 만족도는 증가했다가, 아이의 청소년기에 다시금 하락하고, 이 시기가 끝난 후

♦ 아이를 갖는 일에 어려움을 겪는 부부의 경우 스트레스가 더 일찍 시작되기도 한다.

에 지속적으로 올라간다.[8]

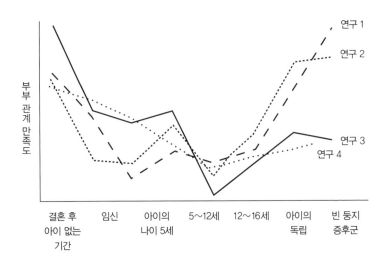

그림 2-1 출산 전후 부부 관계 만족도

둘째, 아이에게 일어날 수 있는 모든 안 좋은 일을 걱정해서 생기는 스트레스 요인이다. 이 범주에는 아이가 병에 걸릴까 봐, 사고를 당하거나 사망할까 봐, 납치를 당하거나 공격을 받거나 혹사당할까 봐, 학교에서 갈취를 당할까 봐, 친구들에게 왕따를 당하거나 놀림을 받을까 봐, 나쁜 선생님을 만날까 봐, 괴롭힘을 당할까 봐, 인터넷이나 교우관계에서 부정적 경험을 하거나 잘못된 선택을 할까 봐 걱정하는 행동이 모두 포함된다. 부모의 걱정은 헤아릴 수 없을 만큼 다양하고, 현실에서 벌어지는 수많은 사건·사고의 영향을 받는다. 벨기에 부모들은 1996년 발생한 뒤트루 사건* 이전에는 아이들이 납치될까 봐 걱정을 거의 하지 않았던 반면, 오늘날은 이런 두려움이 만연하다. 마찬가지로 2015년 이전 프랑스에서는 아이가 콘서트에서 살아 돌아오지 못할 거라고 걱정하는 부모는 없었다.** 오늘날, 특히 파리에서는 이제 상황이 완전히 달라졌다.

셋째, 아이가 의존적이고 미성숙하다는 사실로 인한 스트레스 요인이다. 부모는 지속적으로 아이의 기본 욕구(마시기, 먹기, 소변보기, 잠자기, 놀기⋯⋯)를 채워주어야 하고, 아이가 잘 성장하는지 지켜봐야 한다. 정당하지 않은 분노나 소리 지르기, 변덕, 무질서함, 반항, 형제자매와의 다툼을 중재해야 하고, 같은 일을 스무 번이라도 더 가르쳐주어야 한다. 이 모든 것이 부모에게는 도전이나 마찬가지다. 아이는 물론 이를 의식하지 못한다. 아이는 뇌가 충분히 발달하지 않았으므로 부모의 심정에 공감할 수 없고, 부모가 기계가 아닌 사람에 불과하다는 것을 헤아리지 못한다. 부모는 특히 사춘

---

* 뒤트루 사건은 지난 30년간 벨기에를 발칵 뒤집어놓은 범죄 사건이다. 주동자인 마르크 뒤트루는 아이들을 납치해서 몇 달 동안이나 감금하고 굶기고 성적으로 착취한 후 살해하거나 굶겨 죽였다. 이 사건은 벨기에 사람들에게 거대한 집단 트라우마를 남겼으며, 이후 부모들이 아이를 돌보고 지키는 방법에 큰 변화가 일어났다.

** 2015년 11월 파리 연쇄 테러 중 바타클랑 극장 인질극을 의미한다. 미국 록밴드 '이글스 오브 데스 메탈'의 공연이 진행되는 도중 인질극이 일어나 극장 내 60~100명이 붙잡혔다.

기 시절의 아이와 제대로 지내기 힘들다. 아이는 기분이 시시때때로 변하고, 위험한 행동을 일삼고, 규칙을 위반하고, 난생 처음으로 욕설을 하거나 술에 취하고, 또래 집단의 나쁜 영향을 받는다. 또한 독립에 대한 절대적 욕구("내가 알아서 할게", "내가 원하는 걸 할 거야")와 부모가 언제나 곁에 있기를 바라는 욕구("이걸 어떻게 해야 할지 알려줘", "거기까지 태워다 줘") 사이에서 영원한 양가감정에 시달리므로, 부모는 청소년 자녀의 도발과 이로 인한 시련에 대처해야 한다.

넷째, 아이의 적절한 발달과 관련된 스트레스 요인이다. 문화 및 사회계층, 가정 분위기에 따라 '적절한 발달'을 바라보는 인식이 달라지므로, 이를 구성하는 요소는 변수의 민감한 영향을 받는다. 일반적으로 부모는 아이의 잠재력과 개성을 고려하는 동시에 자신이 속한 계층에서 평균 수준의 학교에 아이를 보내려고 한다. 이에 따르는 비용이 얼마인지, 얼마나 힘든 과정을 거쳐야 하는지는 중요하지 않다. 매일 저녁과 주말마다 부모는 아이의 과제와 수행평가, 과외활동 등을 도와주려고 노력할 것이다(악기를 연주하거나 스포츠를 하거나 여러 언어를 배우는 등 아이가 자기 개성과 재능을 발달시킬 수 있도록 말이다). 아이가 좀 더 자라면 이제 '훌륭한' 학과를 고르고 학위를 딸 수 있도록 지원하기 위해 분투한다. 아이의 취직에 필요하다면 별도의 연수를 시켜주려고 학비도 지원할 것이다. 부모는 아이를 향한 사랑으로, 자녀가 현명한 결정을 내리고 마침내 좋은 배우자와 결혼할 때까지 아이에게 헌신하며 수많은 선택을 해낸다.

이 스트레스 요인은 부모가 우선시하는 욕망과 정서적·재정적 상황, 아이의 적절한 발달 과정에 유익하다고 내린 판단에 따라 부모마다 큰 차이를 보일 것이다. 직장에 오래 묶여 있는 부모는 아이에게 헌신할 시간이 충분치 않은 것을 걱정하고, 아파서 입원한 부모는 아이가 원하는 만큼 함께 있어주지 못하는 것을 걱정한다. 자신이 아이에게 모범이 되지 못한 것을 걱정하는 부모도 있을 것이다(부모가 감옥에 있거나 우울증이나 알코올의존증에 걸린 경우 이런 두려움을 갖는다). 또 어떤 부모는 아이를 부족함 없이 지원해줄 만한 충분한 돈이 없다는 걸 걱정할 것이다(그런 상황에서 부모는 아이를 실컷 먹이고 필요한 걸 채워주려고 자신은 굶기도 한다).

앞에서 언급한 네 가지 범주의 스트레스 요인은 어느 부모에게나 공통된 것이며, 여기에 다섯 번째 요인이 추가되는 부모의 비율도 상당하다. 바로 특정 장애를 가진 아이들의 부모가 겪는 스트레스다. 신체적·정신적 장애, 발달장애(예를 들면 자폐증), 급성이나 만성질환, 학업 장애(예를 들면 과잉행동 장애), 심리적 문제(거식증, 약물 중독, 정신질환 등), 사회적 소외나 형제자매 간 심각한 불화, 이 중 어느 것이든 부모 역할을 힘들게 하는 중대한 스트레스 요인이 된다.

부모가 되는 일에는 맞서 싸워야 하는 도전과 시련이 수도 없이 찾아온다. 그렇다고 일이나 인간관계 등 삶의 다른 영역에서 오는 스트레스가 없는 것도 아니다. 부모들이 이런 도전을 감당하기 위해 육체적인 면과 심리적인 면에서 의지할 만한 외적·내적 자원이 필요한 것은 이 때문이다. 그러나 현실에서는 극도의 피로감으로 이러한 자원이 오히려 줄어들고 있음을 증명하는 연구가 많다. 부모는 영유아의 리듬에 맞춰 한밤중에 수유를 하고, 악몽에서 깬 아이를 달래고, 새벽부터 기상하고, 외출 시에도 아이를 데리고 다녀야 한다. 따라서 수면의 질과 양이 떨어질 수밖에 없다. 즉 부모 되기라는 도전은 의지할 자원은 부족한데 넘치는 스트레스까지 관리해야 하는 일이다.

물론 인간은 놀라울 정도로 적응력이 뛰어난 동물이므로, 어떤 부모는 피로감과 타협하고 자신에게 주어진 수많은 도전을 그럭저럭 헤쳐 나가는 데 만족한다. 덕분에 모든 부모가 다 번아웃에 빠지지는 않는다. 6장에서 자세히 살펴보겠지만, 번아웃은 스트레스 요인의 총합이 부모의 적응력과 즐거움을 초과하는 순간 바로 시작된다. 다시 말해 번아웃 증상은 스트레스 요인 대 부모의 즐거움, 스트레스 요인 대 부모의 적응력 사이의 균형이 일제히 무너졌다는 신호이다.

변화에 대비해야 무너지지 않는다

부모가 되는 경험은 무한한 행복감을 선사한다. 이를 반박할 사람은 없을 테지만, 그것은 '동시에' 스트레스와 어려움의 근원이 된다.

이러한 역설은 부모 되기를 준비하고 대처할 시간이 없었기 때문에 생긴다. 부모가 임신 소식을 진심으로 기뻐하며 아이가 가정에 가져다줄 크고 작은 행복을 제대로 만끽하려면, 앞으로 꽤 많은 변화와 어려움이 닥쳐올 거라는 사실을 미리 인지하는 것이 중요하다.

컬럼비아 대학 연구팀이 진행한 연구는 이를 여실히 보여준다. 데브라 칼무스^{Debra Kalmuss} 연구팀은 첫 아이를 임신한 5백 명가량의 임산부(임신 6~7개월 차부터 생후 1년까지의 아이를 가진 엄마들)를 인터뷰했다. 인터뷰 내용을 보면, 그야말로 뜻하지 않게 닥친 어려움은 차치하더라도, 아이의 탄생이 자신의 삶을 완전히 뒤바꾸어놓을 것이며, 일 년 후 가장 힘든 시간을 보내게 되리라는 사실을 누구보다 간과하고 있었던 것은 바로 엄마 자신들이었다.

3장

부모 번아웃이란 무엇인가?

번아웃, 스트레스의 연쇄 공격

부모가 되면서 겪는 도전과 시련은 모두에게 찾아오지만, 모든 부모가 언제나 동일한 형태로 이를 경험하지는 않는다. '급성' 스트레스는 단기간에 일어난 사건의 여파로 발생한다. 예를 들어 아픈 아이 곁을 지켜줄 만족스러운 해결책이 없는 경우가 이에 해당된다. 반면 '만성' 스트레스는 지속적인 스트레스 요인, 즉 수많은 스트레스가 연쇄적으로 잇따르는 상황에서 개인이 이를 처리할 시간이나 방법이 없는 경우에 나타난다. 마리의 경우를 보자.

어느 날 9살인 아이가 자전거 사고로 심각한 두개골 외상을 입었다. 아이는 집에서 80킬로미터나 떨어진 특수병원에 입원했다. 의사들은 이 상태에서 뭐라고 명확한 진단을 내리지 못했다. 이 외상으로 아이가 어떻게 될지 명확하지 않기 때문이다. 쌍둥이 동생은 불안이 심해지더니 밤마다 여러 차례 야경증에 시달린다. 초기에 시작된 마리의 급성 스트레스는 이제 만성 스트레스 단계로 접어들었다.

만약 마리가 상황을 긍정적으로 받아들이는 힘인 회복탄력성이 높았다면, 자전거 사고가 그의 개인사에 영향을 미치지 않았다면, 마리에게 남편이 있어 마리를 지지하고 도와주었다면, 직장에서 힘든 상황을 충분히 고려해주었다면, 마리가 병원에 가 있는 동안 친정 부모나 이웃이 대신 아이를 데리러 학교에 가주고 아이가 밥을 먹거나 숙제를 하는 걸 도와주었다면, 다시 말해 마리를 보호하는 요소가 충분했다면 그녀가 번아웃에 빠지는 걸 피할 수 있을 것이다. 반대로 마리가 배우자 없이 홀로 아이를 키우는 상황이며, 딸아이 역시 거식증에 시달리고 있고, 병원을 오가며 발생하는 모든 육체적·정신적 수고로 인해 경제적 상황까지 무너진다고 해보자. 마리가 번아웃에 내몰릴 충분한 조건이 성립된다.

돌보는 직업은 왜 번아웃에 취약한가

심각한 만성 스트레스, 특히 오랜 기간 지속되는 스트레스에 시달릴 때, 부모 번아웃이 진행된다. 영어 동사 'burn out'은 '타버리다(전기회로)', '연소하다, 꺼지다(전류, 불)'라는 의미가 있다. 심리학적 관점에서 사용된 '번아웃'의 어원은 1960년대 말로 거슬러 올라가는데, 초반에는 직장에서 겪는 만성 스트레스의 결과를 뜻했다.

'번아웃'이라는 용어의 기원을 설명하는 여러 주장이 있다. 항공 산업에서 발사체(예를 들면 미사일이나 로켓) 부품이 떨어져나가 연료가 급속히 고갈되고 모터가 과열되어 발사체가 추락하는 현상을 번아웃이라고 하는데, 심리학자들이 여기에 착안해 용어를 만들었다는 주장이다. 그런가 하면 초가 몇 시간 동안 활활 타고 연소되어 완전히 수명을 다한 모습을 보고 회사 직원이 열정과 에너지를 완전히 써버린 상태를 비유했다는 주장도 있다. 어떤 이들은 그레이엄 그린Graham Greene이 쓴 1960년작 중편소설 제목인《번아웃 사례 A Burnt-Out Case》에서 영감을 받은 용어라고 끈질기게 주장한다. 이 작품은 한센병 환자 수용소에서 일하기로 자원한 건축가의 이야기이다. 주인공이 수용소에 도착했을 때 수용소 책임자인 의사는 그의 심리 상태를 '번아웃 사례'로 진단한다. 번아웃은 모든 것을 태워버려 아무것도 남지 않는다는 점에서, 신체를 절단해 모든 걸 잃어버린 후 회복되는 한센병 환자와 비슷한 면이 있었다. 각각의 주장이다 설득력을 지닌다.

5년 후 허버트 프로이덴버거Herbert Freudenberger는 이와 같은 번아웃 증후군(당시에는 직무상 스트레스에 한정해 사용했다)에 대해 처음으로 상세한 설명을 내놓았다. 그는 낮에는 대학의 심리학 교수로 일했고, 밤과 업무 외 시간에는 마약중독자 연구에 집중했다. 그는 무보수로 환자들을 위한 최적화된 돌봄 체계 및 프로그램을 만드는데 헌신했다. 바로 이런 환경에서 그는 함께 일했던 자원봉사자 몇 명이 환자들과 대면하는 상황에서 급속도로 지치고, 녹초가 되었으며 문자 그대로 내면이 다 타 버린, 연소(번아웃) 상태에 놓인 것을 목격했다. 자원봉사자들은 초가 타는 것처럼 몇 시간 열정적으로 에너지를 쓴 후, 정신적으로 완전히 소진되어 사그라드는 불꽃의 잔해만 남는 듯한 모습을 보였다.

프로이덴버거의 연구가 진행되던 당시, 심리학자 크리스티나 매슬라크Christina Maslach도 번아웃을 연구하고 있었다. 해당 주제를 10년간 연구한 매슬라크는 다른 사람을 돕는 직무에 종사하는 사람들이 번아웃 증후군을 겪는 경향이 압도적으로 높음을 증명했다. 그는 돌봄 종사자들이 환자를 사람으로 대하기보다 '사례'로 대하며 자기와 분리하는 경향을 보이는 원인을 연구했다. 연구 결과, 이러한 분리 현상은 실제로 직무상 번아웃의 세 가지 양상인 감정적 소진, 환자나 고객과의 감정적 분리, 직업적 숙련도와 효율성의 상실 중 하나라는 것이 밝혀졌다. 이에 대해서는 특별히 부모 번아웃을 다루면서 더 자세히 알아볼 것이다.

하지만 그 전에 다음에 대해서 두 가지 유용한 사실을 짚고 넘어가자. 프로이텐버거가 생각하는 번아웃의 원인은 개별적인 것이었다. 애초에 정성을 많이 쏟은 사람들이 기진맥진해진 것이다("우리가 지치는 이유는 바로 자신의 일에 헌신하기 때문이다"[9]). 그의 관찰에 따르면 의욕이 매우 강한 자원봉사자, 자신의 일과 사명의 중요성을 잘 이해한 직원, 환자에게 친밀하게 다가간 직원, 매우 활동적이고 의욕적인(혹은 작업을 적극적으로 주도하는) 직원이 좌절과 낙담, 소진되는 느낌에 가장 취약했다. 특히 자신이 쏟은 노력이 아무런 결과도 맺지 못한다는 생각을 했을 때 그러했다. 반면 매슬라크는 번아웃의 요인을 개인적 요소뿐 아니라 특정 직업 조건에서도 기인한다고 보았다. 그에 따르면 번아웃은 주로 다른 이를 돕는 일에 종사하는 사람들에게 많이 나타났다. 돌봄 종사자(간호사, 의사, 심리 상담사 등)가 바로 머릿속에 떠오르겠지만 사회복지사, 빈민층을 변호하는 변호사, 교사, 더 광범위하게는 서비스를 제공하는 모든 서비스직에 해당된다.

결론적으로, 프로이텐버거는 번아웃을 애쓰는 사람들이 걸리는 병으로 본 반면, 매슬라크는 돌봄 종사자의 병으로 보았다. 그런데 부모는 이 두 가지에 다 해당되지 않는가? 부모야말로 사실상 아이를 '돌보느라 애쓰는 사람'이 아니던가?

부모 번아웃의 네 가지 양상

부모에게 특징적으로 드러나는 번아웃 형태가 존재한다는 주장은 1980년대부터 제기되었다. 그럼에도 2011년까지 부모 번아웃은 만성질환을 앓는 아이의 부모가 겪는 것이라고 여겨졌다. 그럴 수밖에 없는 것이, 모든 연구가 질병을 가진 아이의 부모를 대상으로 이루어졌으며 일반 부모는 대상이 되지 않았기 때문이다. 지난 몇십 년간 일반 부모를 대표하는 사례들을 연구한 결과, 부모 번아웃은 수많은 위험 요소가 누적된 모든 부모에게 해당되는 증후군이다. 이는 6장에서 상세히 알아볼 것이다.

연구 결과, 우리는 부모 번아웃의 고유한 특징을 명확히 규정할 수 있었다. 부모 번아웃은 네 가지 양상의 형태를 지닌 증후군이다. 신체적·감정적 탈진, 아이와 정서적 거리 두기, 포화(부모 역할에 싫증남) 및 즐거움 상실, 마지막으로 과거의 모습이나 자신이 되고자 했던 모습과 완전히 멀어졌다고 느끼는 자기 대조가 있다.

신체적·감정적 탈진: "지쳐서 대답할 힘도 없어요"

부모 번아웃의 첫 번째 양상은 신체적·감정적 탈진이다. 가장 먼저 나타나는 양상이기도 하다. 부모는 완전히 지치고 녹초가 되어 더는 어찌할 수 없는 기분에 휩싸인다. 오랫동안 팽팽하게 당겨진 고무줄이 끊어진 형국이다. 이러한 탈진은 사람에 따라 다양한 방식으로 발현된다.

두 아이의 아버지인 토마는 "무언가에 맞설 힘을 상실한 느낌, 아이들 때문에 내 인생의 주인이 아닌 것 같은 느낌, 아무것도 할 수 없다는 느낌"이라고 표현한다.

세 아이의 어머니인 가에탄은 이렇게 말한다.

"'그래봤자 무슨 소용이지?'라는 질문이 나를 사로잡았다고 할까요? 계속 이렇게 자문하게 돼요. 아이들은 아무것도 돌려주지 않는데 내가 애들을 위해 희생해서 다 무슨 소용이지? 패스트푸드만 먹는 아이들을 위해 건강한 음식을 준비하는 게 무슨 소용이지? 공부에 아무 관심도 없는 아이들의 숙제를 도와주는 게 무슨 의미가 있지? 나는 너무 피곤해요, 뭘 해주거나 분투하기엔 정말 피곤하고 또 피곤해요."

다음은 두 아이의 엄마인 엘리자베스의 말이다.

"완전히 지쳤어요. 우리 큰애가 요구하거나 부탁하는 것에 대답할 힘도 없어요. 피곤해서 울음을 터트리곤 해요. 너무 지치고, 지치고, 완전히 지쳤거든요. (…) 에너지가 바닥인 상태로 아침에 일어나요. 일상적인 아주 사소한 일도 극도로 힘들게 느껴져요. 저녁마다 외식하는 건 생각도 할 수 없어요. 그런 일들이 진짜 거대한 산 같이 느껴져요……. 내게 주어진 아주 작은 일도 굉장한 에너지를 필요로 하는데 난 힘이 없어요. 하나도 없어요. 좀비처럼 하루하루 버티고 있어요."

한 아이의 엄마인 로만은 이렇게 말한다.

"소진되었다는 감정이 압도적이라 내가 쉬려면 결국 죽어야 하나, 이런 생각을 할 정도예요. 암에라도 걸리면 병원에 입원해 며칠 동안 푹 잘 수 있겠지, 하고 생각도 해요. 암은 제가 가장 두려워하는 건데도 말이에요……. 얼마나 피곤하면 이러겠어요."

포화: "더는 부모 노릇을 못 하겠어요"

부모 번아웃의 두 번째 양상은 포화, 즉 부모 역할에 싫증난 상태이다. 부모는 자신이 더는 부모 노릇을 할 수 없다고 생각하며, 버겁고 과잉되었다는 느낌을 받는다. 이때는 부모 역할에서 어떤 즐거움도 발견하지 못하는 상태가 된다.

세 아이의 엄마인 클레르는 엄청난 사기 저하를 느꼈다고 말한다.

"아이들과 함께 할 일, 아이들을 위해 해야 하는 일을 생각하면 이미 넘치게 많이 했다는 기분을 느낍니다."

한 아이의 아버지인 피에르는 이렇게 말한다.

"예전에는 주말마다 아들과 축구를 하는 게 즐거웠습니다. 그런데 이제 더는 그렇지 않습니다. 몸은 아이와 같이 있지만 마음은 떨어져 있어요. 단 한 가지 간절한 게 있다면, 바로 아이와 멀리 떨어져 있는 겁니다. 내가 형편없는 아빠라는 생각도 들고, 아빠가 될 자격이 없다고도 생각합니다."

세 아이의 엄마인 다니엘라의 말이다.

"나는 이루 말할 수 없을 만큼 우리 애들을 사랑했어요. 하지만 이제 내가 단지 엄마로만 존재한다는 감각을 참을 수 없게 되었어요. 분명 나는 엄마이긴 하지만 그 이상의 존재이기도 해요. 다시한 번 '나'로 있고 싶다는 마음이 간절해졌어요. 엄마로만 사는 것에 싫증났고, 한순간이라도 엄마 외의 다른 무언가가 되고 싶다고 생각했습니다."

두 아이의 엄마인 비올레트는 이렇게 말한다.

"그러니까 포화 상태가 된 거지요. 아이들은 서로 싸우고 하루에도 수백 번을 소리 질러요. '엄마, 엄마, 엄마, 배고파, 엄마, 목말라, 엄마, 화장실 데려다줘. 이거 해줘, 저거 해줘.' 아직 어린 아이에 불과하니까 애들이 그런 요구를 하는 건 당연하지요…….. 하지만 '엄마'라는 그 소리를 더는 참을 수 없어요. 아기가 맨 처음 '엄마'라고 불렀던 그 순간은 인생에서 가장 아름다운 순간이지요. 하지만 이제는 그 소리를 듣는 게 더는 기쁘지 않습니다. '엄마'라는 말이 고문처럼 들려요."

역시 두 아이를 키우는 잔의 말이다.

"아들이 태어났을 당시 대도시에 살았기 때문에 아이가 걸음마를 하는 나이가 되자 함께 공원에 자주 나가곤 했어요. 놀이터에 있는 다른 엄마들을 보면서 속으로 이런 생각을 했답니다. '저 사람들은 어떻게 저럴 수 있지? 어디서 저런 에너지가 솟는 걸까?' 나는 너무 지쳐버려서 마치 엄마라는 역할을 연기하는 것 같은 느낌마저 들거든요. 저녁마다 우리 남편에게 그 얘길 하면, 그 사람은 이상하다는 얼굴로 나를 쳐다봐요. '당신 모성애를 어디다 갖다 버렸나? 흠. 나중에 다시 생길 거야. 심각한 거 아니니 걱정 마!' 이런 말을 던지면서 웃는 거예요. 하지만 진짜, 그게 심각한 거라면…….'

정서적 거리 두기: "아이에게 점점 더 무관심해져요"

부모 번아웃의 세 번째 양상은 아이와 정서적으로 거리를 두는 것이다. 직무상 번아웃의 일환인 '돌봄 대상과의 거리 두기 현상'은 고객/환자/학생에 대한 비인격화까지 일어난다. 이 경우 대상은 사물로 간주/객관화/대상화되는데, 숫자로 치환되거나("7번 손님 차례입니다"), 장기로 치환되거나("21호실 가슴 진찰하러 가야 한다"), 소속 그룹을 하나로 묶어버린다("'2학년들'은 하나같이 다루기 힘들구나"). 그러나 대상이 자식인 경우에는 당연히 이야기가 다르다. 아이는 피붙이이자 분신이므로 아이를 사물로 대하는 것은 불가능하며, 오히려 함께하는 것이 행복한 일이다(물론 도착, 소아성애, 관리되지 않은 조현병 같은 문제로 고통 받는 부모를 제외하고 말이다).

부모의 경우, 위에서 말했듯 번아웃이 에너지를 쓰는 걸 중단하거나 정서적으로 거리를 두는 형태로 드러난다. 과도한 피로감에 지친 부모는 아이와의 관계에 열중할 여력이 없다. 아이의 이야기에 주의를 덜 기울이거나 한쪽 귀로 듣고 흘려버리고, 아이가 경험하고 느끼는 것을 중요하게 여기지 않고, 자녀 교육에 관심을 두지 않으며, 자신이 아이를 얼마나 사랑하는지 표현하지 않는다. 꼭 해야 할 일은 하지만(학교에 데리러 가기, 식사 준비하기, 화장실 청소하기, 재워주기) 그 이상은 하지 않는다.

두 아이의 엄마인 타니아는 말한다.

"딸아이가 태어난 후 건강상 문제가 많았거든요. 수면 부족에, 아들은 퇴행 증상을 보이고, 남편과의 관계는 악화되었어요. 꼭두각시처럼 아이들을 위해 살았지만 이제 한계에 다다른 것 같아요. 제가 딸아이에게 사랑을 다시 느끼기 시작한 건 생후 6개월이 지나서예요. 물론 아이가 태어났을 때부터 사랑하긴 했지만, 생활이 힘들어지고 나니 그 사랑을 더는 느낄 수 없었거든요."

네 아이의 아빠인 프레데릭은 이렇게 말한다.

"소피와 결혼하기 위해 전 부인과 헤어지자, 갑자기 아이가 두 명에서 네 명으로 늘었습니다. 막상 재혼 가정을 경험하니 진짜 힘들었어요. 아주 나가떨어졌습니다. 그 당시에 저는 출근-식사-잠의 루틴 외에는 아이들을 돌보는 어떤 일도 할 수 없었어요. 사실상, 아이들과 제 관계는 그 루틴밖에 없었습니다. 최악이었죠."

세 아이의 엄마인 아이다의 말이다.

"우리 아이들과 거리감이 느껴졌어요. 학교 행사에 가면 다른 부모들을 바라보면서 속으로 생각했습니다. 나는 아무것도 느끼지 못하는 괴물이 되었다고요."

자기 대조: "내가 원래 이런 사람이었나?"

부모는 자신이 예전의 모습과 다르며, 그토록 되고 싶었던 부모는 더더욱 아니라는 것을 인식하게 된다. 그는 자신의 모습이 몰라보게 달라진 것과, 현재 부모로서의 자기 모습에 부끄러움을 느낀다. 과거의 자신과 현재의 자신이 대조를 이룬다. 이를 자기 대조라 하며 번아웃을 진단하는 데에 결정적인 요소가 된다. 왜냐하면 원래 항상 피곤에 절어 있고 활기가 없었던 우울한 부모는 번아웃에 해당되지 않기 때문이다. 언제나 아이와 떨어져 있고, 아이에게 신경을 쓰지 않는 부모 역시 부모 번아웃에 빠지지 않는다. 마찬가지로, 부모 노릇을 제대로 한 적 없는 이들 역시 부모 번아웃에 해당되지 않는다. 부모 번아웃으로 진단하기 위해서는 탈진 이전과 이후를 비교할 때 명확한 자기 대조가 발견되어야 한다.

비올레트는 두 아이의 엄마다.

"제가 저 자신의 그림자라고 느껴졌어요. 저 자신을 제대로 알아볼 수 없었어요. 이전의 모습은 하나도 남아 있지 않았거든요. 너무 피곤했기 때문에 저 자신과 분리된 상태로 지냈어요. 이런 상태를 경험해보지 못한 사람들에게 설명하기는 참 힘드네요. 저는 진짜 저 자신에서 약간 벗어나 있었거든요. 거울 속의 모습을 쳐다볼 때조차 진짜 나를 볼 수 없었으니까요."

로만은 한 아이의 엄마다.

"저는 언제나 활기차고 열정적이고 활력이 넘치는 사람이었어요. 잠시도 가만히 있지 못했죠. 그런데 극도의 피로감에 짓눌리고 나니 예전의 나는 어디론가 사라져버렸어요. 소파에 무기력하게 누워 있었죠. 내 본질에 대한 고민과 우울하기 그지없는 어두운 생각이 머릿속에 가득 차 녹초가 된 채로요."

두 아이의 엄마인 안나는 말한다.

"이런 이야기는 거의 입 밖에 내지 않아요. 아침마다 일어나서 옷 입는 것조차 힘들다거나, 자신조차 돌볼 수 없는 상태라 사흘이나 아이들 목욕도 못 시켰다는 걸 동료들에게 설명할 길이 없거든요……. 너무나 부끄러운 일이라 거의 이야기를 하지 않습니다……."

이 네 가지 양상에 대해서는 4장에서 다시 다룰 것이다. 해당 지면에서 부모 번아웃을 진단할 수 있는 테스트를 해보기를 제안한다.

'탈진'은 번아웃의 첫 신호다

번아웃 증후군은 탈진이라는 첫 번째 단계로 시작된다. 이 단계는 개인별로 상황에 따라 다소 길게 지속되기도 하며, 포화(싫증남) 및 즐거움 상실 단계로 이어진다. 이후 탈진된 부모는 점차 자녀에게서 정서적 거리 두기를 시작하는데, 이는 얼마 남지 않은 에너지를 보존하려는 방어 기제라고 보면 된다. 문제는 탈진, 포화 및 즐거움 상실, 정서적 거리 두기 같은 징후들이 서로를 강화시키는 악순환이 계속된다는 것이다. 그 결과 탈진 상태에 이른 부모는 과거의 자기 모습을 찾아볼 수 없게 된다. 이제 그는 수치심과 죄책감에 자주 사로잡힌다.

이러한 감정은 부모가 자신에게 어떤 일이 벌어지고 있는지 인지하지 못할 때 두드러진다. 반면 부모 번아웃에 대한 정보를 주위에서 접할 수 있다면, 자신에게 일어난 일을 자각하고 외부에 도움을 청함으로써 이를 극복할 수 있다.

내 주변의 부모가 평상시와 다른 모습을 보인다면

부모 번아웃 증후군에 빠진 부모를 주변에서 알아볼 수 있을까? 가까운 사람들이 경고해줄 수 있는 부분은 바로 대조 현상이다. 전에는 에너지 넘치고 아이에게 집중하는 유능한 부모였는데, 지금은 에너지가 없고 아이에게 신경 쓰지 않으며 무능력해 보인다면 그는 부모 번아웃의 '자기 대조'에 해당된다.

개인에 따라, 성격과 상황에 따라 부모 번아웃은 아래와 같은 징후들을 보이기도 한다. 이러한 징후가 일관성 있게 드러나지는 않는다는 점을 미리 언급하고 넘어가겠다.

번아웃 유무에 따른 과민성과 분노

직무상 번아웃이든 부모 번아웃이든 상관없이 번아웃에 빠지면 과민성과 공격성이 눈에 띄게 증가한다. 특히 자신의 감정 조절에 문제를 겪는 사람들에게서 잘 보이는 징후이다. 그림 3-1은 해당 주제에 관한 최근 우리의 연구 결과를 요약한 것이다. 감정 조절 능력이 낮은 사람의 경우, 번아웃 증후군은 과민과 분노의 감정을 치솟게 만들었다. 반대로, 감정 조절 능력이 양호한 이들에게서 이러한 증상은 보이지 않았다.

부모 번아웃에 걸린 많은 부모가 신경과민과 짜증을 드러내며 극단적인 경우에 이르기도 한다. 즉 갑작스럽게 분노를 폭발시키거나 소리를 지르고 폭력을 쓰기도 한다. 이런 갑작스러운 대조 현상을 목격하면 주변에서 이를 알아차려야 한다. 반면 늘 화를 내거나 폭력적인 성향의 부모라면, 부모 번아웃이 원인은 아니다.

세 아이의 엄마인 다니엘라는 이렇게 말한다.

"몇 주 전부터 기진맥진 지쳐버렸어요. 인내심이 점점 떨어졌죠. 다섯 살 난 아들이 유치원 행사에서 나를 폭발하게 만들었어요. 아이를 위해 행사에 갔는데, 오리에게 먹이를 네 번이나 주는 건 안 된다고 말리니까 아이가 소리를 지르지 뭐예요. 아이에게 조용히 하라고 단호하게 말하고 진정하라고 했어요. 그런데 아이가 땅바닥에 누워 난동을 피우는 거예요. 미친 듯이 화가 났어요. 저는 평상시엔 차분한 편인데, 아이를 붙잡고 소리를 질러댔어요. 다른 부모

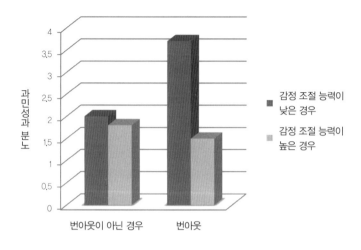

그림 3-1 번아웃 유무에 따른 과민성과 분노 반응[10]

들이 쳐다보고 있는데도 말이죠. 아이에게 혼자 일어서라고 했지만 아이는 듣지 않았어요. 그래서 사람들이 보는 앞에서 아이를 질질 끌고 우리 차가 있는 곳까지 갔어요. 차 안에 들어가서는 미친 사람처럼 아이에게 소리를 질렀어요. 아이는 울면서 용서를 빌었지만, 나는 멈추지 않고 계속 소리를 질렀어요. 정신을 차릴 수가 없었어요. 남편도 얼이 빠져서 다른 부모들에게 아무 말도 못 했구요. 그 날 뭔가 잘못되어 간다는 느낌을 확실히 받았어요."

두 아이의 엄마인 엘리자베스의 말이다.

"나는 짜증이 있는 대로 났어요. 큰애가 나에게 이거 해달라, 저거 해달라고 부탁하는 통에 아주 짜증이 제대로 난 거예요. 사실 그

때는 갓난아이인 둘째와 잠시 시간을 보내고 싶었고 피곤하기도 한 상태였어요. 그러니까, 맞아요, 화가 치밀고 신경질이 났어요. 나를 귀찮게 하는 큰애 때문이에요. (…) 어떻게든 해보려고 노력하고, 또 노력했지만 상황은 똑같았고, 남편이 도착했을 즈음에 갑자기 폭발하고 만 거예요. 더 이상 손을 쓸 수 없었거든요. 아이들에게 짜증을 내다가 남편에게 그 책임을 떠넘기려고 했어요. 그런데 갑자기 제 입에서 욕이 튀어나왔고…… 진짜 끔찍한 상황이었어요."

번아웃은 위험을 부른다

방임과 폭력

방임과 학대, 이 둘은 어떤 차이점이 있을까? 방임이란 아이에게 중요한 것을 빠뜨리거나 잊어버리거나, 회피하거나 결핍을 방치하는 것을 가리키는 개념이다. 즉 아이의 신체적·정신적·정서적 발달을 원활히 돕기 위한 필수적인 행동을 부모가 하지 않는 것을 말한다. 예를 들어, 아이에게 충분한 식사를 주지 않고, 아이를 씻기지 않고, 때와 장소에 맞는 의복을 제공하지 않고, 아이를 지켜주지 않고, 애정 표현이나 칭찬을 하지 않고, 아이와 놀지도 않고, 아이에게 말을 걸지 않고 관심도 두지 않는 것이다. 위의 항목을 모두 충족해야 방임하는 부모가 되는 건 아니다. 아이의 발달을 저해하는 행동을 두 개 이상 한다면 방임하는 부모로 보아도 된다.

방임이 소극적 행위라면 학대는 적극적 행위이다. 부모가 아이를 신체적으로 공격하거나(주먹질이나 따귀 때리기) 욕설이나 조롱을 일삼는 언어폭력도 이에 해당한다.

우리는 부모 번아웃이 아이를 향한 방임이나 폭력을 어느 정도로 증가시키는지 오랫동안 연구해왔다. 번아웃에 빠진 어머니들의 증언에서 방임과 폭력 행동이 증가했다는 근거(예를 들어, 스테파니 알레누Stepanhie Allenou의 《탈진한 엄마Mère épuisée》[11])를 발견했기 때문이었다. 우리가 인터뷰한 번아웃 증후군을 겪은 어머니 중 놀랄 만큼 많은 수가 자신이 방임 혹은 폭력 행동을 보였다는 것을 밝혔다. 그 사례들을 소개한다.

두 아이의 어머니인 비올레트의 말이다.

"나는 퇴근 후 귀가하고 싶지 않았어요. 하지만 집에 가야 했죠. 집에 돌아오면 아이들을 보지 않고 소파에 누워서 잠을 청해요. 남편이 돌아오는 6시까지 아이들은 보호자 없이 있는 거나 다름없었죠. 몸은 집에 있었지만 마음은 집에 있지 않았어요. 위험한 상황이었죠. 그런데 이런 말을 꺼내기도 힘들어요. 내가 나를 돌볼 힘이 없어서 아이들까지 위험에 빠뜨린다고 인정하는 거니까요."

두 아이의 엄마인 엘리자베스의 말이다.

"큰딸 앞에서 무지막지하게 화가 폭발하곤 했어요. 솔직히 아이를 견딜 수가 없었어요. 아이가 소리를 지르고 울음을 터트리면 머리가 터질 것 같았어요. 그러자 갑자기, 맞아요, 제가 신경질적으로 소리를 질렀어요. 굉장히 폭력적이었죠. 어마어마한 언어폭력이었어요. 신체적 폭력은 쓰지 않으려고 가까스로 애를 썼지만, 아이를 죽이고 싶다는 생각까지 들었어요. 하루는 아이가 낮잠을 안 자려고 하는 거예요. 그런데 낮잠을 꼭 재워야 했어요. 아이가 자지 않으면 그날 오후를 넘기기 힘들었거든요. 순간 제가 아이를 침대로 밀어붙였고 아이의 머리가 침대 모서리에 부딪히면서 아이가 울기 시작했어요. 그 상황에서 진짜 제가 마음만 먹었다면……, 죽을 때까지 때려주고 싶었어요. 그 일을 계기로 바로 정신과를 찾아갔어요. '봐, 난 할 수 없어……. 아이를 위험하게 만들 거야'라는 생각이 들었거든요."

프랑스어권에서 1천 5백 명이 넘는 부모를, 영미권에서 1천 명가량 되는 부모를 일 년에 걸쳐 인터뷰하면서 알게 된 사실이 있다. 번아웃에 빠진 부모는 자녀에게 방임이나 폭력을 행사하는 위험도가 놀랄 만큼 증가한다는 것이었다.[12] 돌봄 종사자들을 대상으로 한 연구 결과를 봐도, 번아웃이 온 이들은 자신이 담당한 환자나 아이들에게 동일한 행동을 보인다는 걸 확인할 수 있다. 비르지니 위그노트Virginie Huguenotte와 디디에 트뤼쇼트Didier Truchot가 혼자 사는 노인들을 위한 시설에서 일하는 돌봄 종사자 5백 명을 대상으로 연구한 결과, 번아웃 증후군은 방임의 위험을 네 배, 학대의 위험을 다섯 배 증가시켰다. 다시 한 번 강조하지만, 번아웃에 빠진 모든 부모가 아이를 방임하거나 폭력적인 행동을 보이는 것은 아니다. 하지만 일부 부모는 자신을 지원해줄 장치가 없는 상태에서 결국 자기 아이를 위험에 빠뜨리게 된다. 이런 부모는 에너지가 바닥이 난 나머지, 아이와 눈에 띄게 거리를 두는 전형적인 행동을 보였다.

우리의 연구 결과는 다음과 같았다. 부모가 자기 아이와 감정적 거리 두기를 시작할 때 아이를 방임하거나 아이에게 폭력을 행사하는 빈도수가 최고치를 찍었다(아마도 얼마 남지 않은 자신의 에너지를 보호하려는 시도로 보인다)[13]. 초반에는 모두 언어폭력(욕설과 신경질적으로 윽박지르기)에서부터 시작된다는 점이 눈에 띄었다. 처음에는 폭력적이지 않았던 부모의 경우, 아이를 향한 신체적 폭력은 번아웃 증후군의 마지막 단계에, 극도의 소진감을 느꼈을 때에야 나타났다.

다행스러운 소식을 전하자면, 방임이나 폭력적인 태도를 보였던 부모라 할지라도 번아웃에서 벗어나면 그러한 성향이 사라진다는 점이다. 마리아 엘레나 브리안다Maria Elena Brianda가 번아웃에 빠진 부모 150명을 대상으로 연구를 진행한 결과, 8주간 번아웃 치료를 받은 부모는 증상이 좋아지자 방임과 폭력 행위가 줄어들었다.[14]

카페인, 술, 게임 등 각종 중독

번아웃의 또 다른 결과로는 각종 중독이 급격히 시작되거나 심화된다는 것이다. 다시 강조하지만, 이것은 모든 부모에게 나타나는 것은 아니며, 번아웃에 빠진 부모 중 일부에 해당한다. 어떤 중독은 부모가 상황을 '버티는' 데 도움을 준다. 예를 들어 카페인 중독이 그렇다. 카페인 과다 섭취가 건강에 악영향을 준다 해도 이는 상대적으로 가벼운 중독에 속한다. 대도심 청년 계층이 심한 스트레스로 코카인 중독에 시달리는 것에 비하면 카페인은 그 위험성이 덜한 편이다.

부모들의 중독적인 행동은 긴장을 풀고 기분 전환을 하려는 목적에서 비롯된다. 알코올의존증의 경우가 그렇다. 부모 번아웃이 알코올 소비를 증가시킨다는 가설을 검증하기 위한 연구에서, 직무상 번아웃 사례에서 관측된 바와 동일한 결과가 나왔다.[15] 핀란드의 키르시 아홀라Kirsi Ahola와 동료들이 직원 3천 명을 대상으로 진행한 연구는 다음과 같은 점을 알려준다. 직무상 번아웃의 등급이 1점씩 올라갈 때마다 알코올의존증 위험도가 남성은 51퍼센트, 여성은 80퍼센트 가중되었다. 이를 통해 부모 번아웃의 경우에도 같은 결과가 나타나리라는 걸 알 수 있다.

두 아이 아빠인 토마의 말이다.

"예전에는 동료들과 어울려 한잔 마시곤 했죠. 종종 과하게 취할 정도로 마셨지만 외출을 자주 할 수 있는 것도 아니기 때문에 심각한 문제는 아니었습니다. 그러나 아이들을 키우며 힘든 시간이 시작되었어요. 진짜 피곤한 날 저녁에 한숨 돌리려고 한잔씩 마셨습니다. 그런데 점차 녹초가 될 정도로 피곤한 날들이 많아졌고, 점점 더 많이 마시더군요. 그러던 어느 날, 내가 알코올의존자가 되었다는 걸 깨달았습니다."

이 연구 결과가 의미 있는 것이기는 하지만, 이와 별개로 알코올의존증은 상당히 복합적인 원인이 뒤얽혀 발생한다는 점을 기억해야 한다. 아무리 힘들고 고통스러운 시간을 보냈다고 하더라도, 알코올의존증은 한 가지 원인이 아닌 다양한 요소가 작용하여 일어난 결과로 봐야 한다.

카페인이나 술, 안정제 같은 구체적인 물질에 의존하는 중독 외에 심리적 행동 중독도 있다. 행동 중독의 종류에는 도박 중독(특히 남성에게서 두드러진다), 쇼핑 중독(여성에게서 두드러진다), 일 중독이 있다. 여기서 다시, 부모 번아웃이 이러한 행동을 촉진할 수 있다는 가설이 나왔다.[16] 그러나 행동 중독 역시 수많은 요소의 결과로 발생하는 복합적인 현상이라는 것을 유념해야 한다.

부부 갈등

번아웃 증후군의 변형된 형태에는 부부 문제도 포함된다.[17] 번아웃이 과민성 흥분을 유발하고, 리비도를 감소시키며, 탈주하고 싶은 욕망을 부추긴다는 사실은 그다지 놀랍지 않다. 이에 근거하여, 우리는 부부 관계의 악화가 이 세 가지 요소들이 뒤얽혀 일어난 결과임을 알 수 있다. 과민성과 공격성은 부부 관계의 평정을 깨뜨리고, 기존의 어려움을 더욱 악화시킨다. 평소라면 말다툼 후 불안 정해진 관계가 잠자리에서 회복되기도 하지만, 번아웃 상태에서는 사태가 복잡해진다. 만성적 스트레스가 심리적 욕구의 감소로 이어지기 때문이며(주로 여성에게서 보이는 현상), 다른 한편으로는 반복된 다툼으로 가족 관계가 위태로워져 타인과 친밀해지려는 정서적 욕구가 시들어버리기 때문이다.

번아웃으로 인해 탈주 욕망이 증폭되거나, 혼외 관계가 생기기도 한다. 혼외 관계를 갖게 되면 부부 관계가 표면적으로는 유지되겠지만, 대부분은 부부 관계에 심각한 영향을 준다. 상대방을 의심하는 배우자는 불안에서 우울증에 이르는 징후를 겪게 된다. 혼외 관계를 시도한 배우자 역시 외상 후 스트레스, 가정 폭력, 이혼에 이르는 후유증이 관찰된다.

이처럼 번아웃은 부부 관계에 엄청난 후유증을 남긴다. 10장에서 이를 예방하기 위한 방법을 살펴볼 것이다. 여기서 우리는 다시이 점을 한 번 짚고 넘어가야 한다. 분노는 타인의 잘못보다는 극도의 피로감에서 비롯된다는 점, 부부는 서로가 함께 충만한 시간을 갖기 위해 노력해야 한다는 점, 상황이 더 악화되기 전(그 일이 일어나기 전이 이상적이다) 자신을 스스로 돕기 위해 주저 말고 일어나야한다는 점을 말이다.

세 아이의 엄마인 클레르는 이렇게 말한다.

"남편과 사랑을 나누는 게 점점 꺼려졌어요. 초반에야 둘이 관계를 가졌죠. 그래야 했으니까……. 그가 딴눈을 팔지 않도록 해야 한다고 생각했고요. 그런데 이제 더는 억지로 할 수가 없어요. 몇 달 동안 우리는 섹스를 안 했어요. 처음에는 이러다 바람이 나는 게 아닐까 두려웠어요. 지금은 안 그래요. (…) 페이스북에서 저의 첫 애인을 발견했고 그가 자꾸 생각나요. 그를 다시 만나고 싶어 죽겠어요. 같이 살고 싶은 건 아니고 함께 밤을 보내고 싶어서요. 일상을 벗어나 나에게 충실한 단 하룻밤을 보내고 싶어요."

건강상 문제

지금까지 연구를 거듭해온 결과, 부모 번아웃은 신체 건강에도 영향을 미친다는 가설이 나왔다. 만성 스트레스는 신체에 뚜렷한 흔적을 남긴다. 모발을 채취하면 지난 3개월간 한 사람이 분비한 코르티솔(스트레스 호르몬)을 측정할 수 있다. 모발의 코르티솔은 이 기간 동안 한 사람이 노출된 만성 스트레스의 생물학적 표시를 제공한다. 마리아 엘레나 브리안다의 연구[18]에 따르면, 번아웃에 빠진 부모의 코르티솔 수준은 '대조군'에 속하는 부모(인구사회학적으로 동일한 특징을 지녔지만 번아웃에 빠지지는 않은 부모)의 수치보다 두 배 더 높았다. 다른 장애나 상황의 관점에서 발행된 자료와 비교해봐도, 번아웃에 빠진 부모의 코르티솔 수치가 가정 폭력 피해자나 심각한 만성질환에 시달리는 부모에 비해서도 월등히 높다는 것을 발견했다(그림3-2 참조). 번아웃에 빠진 부모의 고통이 그 정도로 심각하다는 의미다.

　이러한 결과는 부모 번아웃이 건강 전반에 대대적인 악영향을 끼친다는 가설로 이어졌다. 실제로 만성 스트레스가 건강을 악화시키는 경로는 다양하다. 만성 스트레스로 인해 면역력이 감소하면 감기나 독감 같은 바이러스에 훨씬 취약해진다. 동맥 혈압이 상승하면, 위험군인 사람은 심혈관계 질환에 더 취약해진다. 장운동이 저하하면 장 질환에 더 취약해진다. 혈당이 올라가면 당뇨의 위험에 취약해진다. 근육 긴장도가 과도하게 높아지면, 근육이 취약한 사람에게 근육 위축증의 위험을 가중시킨다. 스트레스로 악화되는 질병 리스트는 끝이 없다.

　직무상 번아웃에 관한 연구 결과 역시 번아웃이 건강에 악영향을 미친다는 점을 확인시켜준다. 마스트리히트 대학의 다니엘 모르헨Danielle Morhen과 연구진이 직원 1만 2천 명 이상을 대상으로 연구한 결과, 번아웃이 감기·독감·장염 같은 바이러스성 질병에 감염될 위험을 현저히 높인다는 사실을 밝혀냈다. 번아웃에 빠진 직원은 장염에 걸릴 위험이 두 배 높았다.

　이뿐 아니라, 번아웃에 빠지면 심각한 질병에 걸릴 가능성이 높아진다. 이스라엘 텔아비브 대학의 샤론 토커Sharon Toker와 동료들이 3년간 건강 상태가 좋은 8천 명을 추적 조사한 결과에 따르면, 직무상 번아웃은 심혈관계 질환의 위험성을 80퍼센트 증가시켰다. 같은 연구진의 사무엘 멜라메드Samuel Melamed는 동일 기간 동안 6백 명의 직원을 대상으로, 번아웃이 제2형당뇨병의 위험도를 얼마나 높이는지 추적 조사했다. 연구 결과, 번아웃을 겪은 사람들은 당뇨 위험도가 80퍼센트 이상 증가한다는 사실을 알 수 있었다.

마지막으로, 같은 연구진의 갈리트 아몬^{Galit Armon}은 3년간 건강 상태가 좋은 직원 1천 7백 명을 추적 조사했다. 번아웃이 근위축으로 인한 통증을 유발시킬 가능성을 높인다는 것을 검증하기 위해서였다. 연구 결과, 번아웃이 온 사람은 해당 통증을 느낄 위험도가 두 배나 높았다.

부모 번아웃도 직무상 번아웃과 같은 비율로 건강에 영향을 미칠까? 앞으로의 연구에서 밝혀지겠지만, 모발 코르티솔에서 관측된 결과를 보면 신빙성 있는 주장이다.

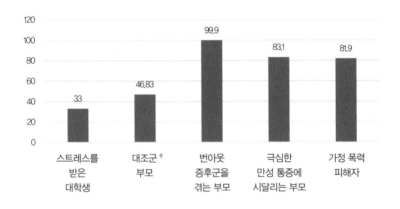

그림 3-2 스트레스에 따른 모발 코르티솔 수치

절대 지나쳐서는 안 되는 징후

이번 장에서 입증한 바와 같이 번아웃은 이로 인해 고통받는 부모만큼이나 자녀와 배우자와의 관계에도 잠재적으로 파괴적인 영향을 미친다. 위에서 언급한 징후들이 확연히 드러난다 해도, 부모의 이전 모습과 이후 모습이 확연히 대조를 이루는지가 훨씬 중요한 지표가 된다. 대조가 보이지 않는다면 부모 번아웃에 해당되지 않음을 명심하자. 에너지 결핍과 정서적 냉담함, 방임과 무시, 폭력 등의 행동이 예전부터 항상 겪던 문제라면 이를 부모 번아웃 탓으로 '책임 전가'하는 것은 말도 안 된다. 이는 심각한 문제가 따로 있다는 의미이다. 더 나아가 '번아웃' 핑계를 대며 자녀를 방임하거나 폭력을 행사하고, 중독을 일삼거나 부부 관계를 악화시키는 일이 있어서도 안 된다. 부모 번아웃이 몇 가지 현상에 대한 설명을 제시할 수는 있지만, 부모나 배우자의 잘못에 면죄부를 줄 수는 없다. 아이나 배우자의 안위가 위협받을 때 우리는 마땅히 외부의 도움을 받아야 한다.

♦ 동일한 인구사회학적 특징을 가졌으나 번아웃에 빠지지 않은 부모.

4장

번아웃
진단하기

당신이 현재 어떤 상태인지 진단해보자. 몇몇 항목은 해당되고 나머지는 해당되지 않을 것이다. 당신이 번아웃에 얼마나 근접했는지 혹은 전혀 해당되지 않는지 정확히 진단하고 싶다면, 가능한 한 솔직하게 다음 진단지 항목에 표시하기 바란다(항목당 하나의 답만 고를 수 있다).[19]

가) 그런 적이 없다

나) 일 년에 두세 번

다) 한 달에 한 번 이하

라) 한 달에 두세 번

마) 일주일에 한 번

바) 일주일에 두세 번

사) 매일

	가	나	다	라	마	바	사
나는 부모 역할을 하느라 너무 피곤해서 잠이 부족한 것 같다.	0	1	2	3	4	5	6
나는 아빠/엄마로서 방향을 잃은 것 같다.	0	1	2	3	4	5	6
나는 부모 역할을 하느라 완전히 지쳐 있다.	0	1	2	3	4	5	6
나는 나의 아이를 돌볼 힘이 하나도 남아 있지 않다.	0	1	2	3	4	5	6
나는 아이에게 예전만큼 좋은 아빠/엄마가 아니라고 생각한다.	0	1	2	3	4	5	6
나는 더 이상 아빠/엄마로서 나의 역할을 견딜 수 없다.	0	1	2	3	4	5	6
나는 부모라는 것을 더 이상 못 견딜 것 같다.	0	1	2	3	4	5	6
나는 나의 아이를 기계적으로 돌보는 것 같다.	0	1	2	3	4	5	6
나는 부모로서 정말 지쳐 있다는 느낌이 든다.	0	1	2	3	4	5	6
나는 아침에 일어나 아이들과 하루를 시작할 때, 시작도 전에 진이 다 빠진 것 같다.	0	1	2	3	4	5	6
나는 나의 아이와 함께 있는 것이 즐겁지 않다.	0	1	2	3	4	5	6
나는 부모 역할을 해내지 못할 것 같다.	0	1	2	3	4	5	6
나는 더 이상 예전과 같은 부모가 아니라고 스스로 생각한다.	0	1	2	3	4	5	6
나는 나의 아이를 위해 꼭 해야만 하는 것 이외에는 하지 않는다.	0	1	2	3	4	5	6

부모 역할은 나의 자원을 모두 써버리게 한다.	0	1	2	3	4	5	6
나는 더 이상 내가 부모라는 사실을 받아들일 수가 없다.	0	1	2	3	4	5	6
나는 부모로서 지금 나의 모습이 부끄럽다.	0	1	2	3	4	5	6
나는 부모로서 나 자신이 더 이상 자랑스럽지 못하다.	0	1	2	3	4	5	6
나는 나의 아이와 상호작용할 때, 평소의 내가 아닌 느낌이 든다.	0	1	2	3	4	5	6
나는 나의 아이에게 그들을 얼마나 사랑하는지 더 이상 보여줄 수 없다.	0	1	2	3	4	5	6
내가 나의 아이를 위해 해야 할 일을 생각하는 것만으로도 지친다.	0	1	2	3	4	5	6
나는 나의 아이를 위해 일상적인 일과(차에 태우기, 잠자리 봐주기, 식사 챙기기) 이외에 다른 노력을 더 이상 할 수 없다.	0	1	2	3	4	5	6
나는 부모 역할을 하느라 기진맥진하다.	0	1	2	3	4	5	6

표 4-1 부모 번아웃 진단지

 이제 표시한 항목에 적힌 숫자를 아래에 기입한 후, 점수*를 합산해보자.

♦ 위의 질문에 솔직하게 답했다면, 다음에 이어지는 점수별 피드백이 당신의 상황에 정확히 부합할 것이다. 그러나 검사지 질문이 상대적으로 간략하기 때문에 허용 오차가 생긴다. 응답자 가운데 5퍼센트는 '진단이 잘못되었을' 수도 있다. 질문지가 번아웃을 잘못 진단하거나, 실제로 겪고 있는 번아웃을 잡아내지 못할 수도 있다.

30점 이하: 번아웃 해당 없음

현재로서는 번아웃에 빠질 위험이 없다. 이 말은 이전에 한 번도 번아웃이 오지 않았다거나, 앞으로 이를 겪을 위험이 전혀 없다는 의미가 아니다. 단지 현 시점에서는 당신을 지지하고 보호해주는 요인이 당신을 힘들게 하는 위험 요인(6장 참고)보다 훨씬 많다는 의미이다. 지금 당신은 부모 역할을 수행하고, 어려운 상황에 대처할 수 있는 힘과 자원을 갖고 있다. 자녀 교육과 아이와의 관계에 정성을 쏟고 있으며, 부모 역할을 훌륭히 감당하고 있다. 지금 이 책을 읽는 이유는, 아마도 최근 주변에서 번아웃 이야기가 많이 들려서, 이 현상을 이해하기 위해서 혹은 다른 사람을 돕고 싶어서일 것이다. 이 책의 후반부에서 그에 대한 도움을 얻을 수 있다.

31~45점: 경미한 번아웃 위험성

현재 경미한 번아웃 위험성이 있는 상태다. 현재로서는 보호 요인이 위험 요인보다 많다. 가끔 피로를 느끼겠지만 당신은 일상 속 문제에 대처할 수 있는 충분한 에너지와 자원을 갖고 있다. 자녀 교육과 아이와의 관계에 정성을 쏟고 있으며, 부모 역할을 더 잘하고 싶다고 느낄 때는 있어도 전반적으로 자신이 좋은 부모라고 생각한다. 이러한 균형을 유지하기 위해서는 보호 요인(6~8장), 본인의 정서적 자원(9장), 부부 관계(10장), 아이와의 관계(11장 참고)를 유지하기 위해 노력을 기울일 필요가 있다.

46~60점: 중간 수준의 번아웃 위험성

현재 중간 수준의 번아웃 위험성이 있는 상태다. 이 말은 번아웃이 올 거라는 의미는 아니지만, 자기 자신을 돌봐야 하는 시점이라는 사실을 알려준다. 물론 당신은 전반적으로 에너지가 있을 것이고, 자녀 교육에 늘 신경을 쓰고, 아이와의 관계를 중요시 여긴다. 아직까지 부모의 일을 제대로 감당하고 있을 것이다. 하지만 당신은 가끔 부모로서 해야 할 일이 너무 많다는 생각을 한다. 피로를 느끼고 아이가 원하는 만큼 신경써주는 게 종종 힘들다. 자신이 원하는 아버지나 어머니의 모습이 아니라고 느낄 때도 있으며, 부모 역할을 성공적으로 해내지 못하는 경우도 있다. 번아웃에 빠질 위험에서 벗어나려면, 당신을 보호해주는 요인을 강화하고, 당신을 취약하게 만드는 요인을 줄여나가야 한다. 6~8장에서는 이 중간 수준의 번아웃 위험성이 있는 사람을 위한 흥미로운 조언을 소개할 것이다. 9~11장에서는 정서적 자원을 늘리고, 부부 관계를 돈독하게 만들고, 자녀와의 관계를 유지하기 위한 구체적 방법을 제시할 것이다.

61~75점: 높은 수준의 번아웃 위험성

현재 부모 번아웃 위험도가 높은 상태다. 주된 문제는 피로와 소진이다. 당신은 기력이 떨어지고 아무것도 할 수 없을 것 같다는 느낌에 더 자주 시달릴 것이다. 아이를 위해 중심을 잡으려고 노력하고는 있지만, 자칫하면 가랑이가 찢어질 지경이다. 내면이 무너지기 시작한다. 어쩌면 이미 건강에 문제가 생겼을 수도 있다. 카페인이나 담배, 술에 의존하는 경향이 부쩍 늘었을 가능성도 있다. 아마도 당신은 훨씬 예민해지고 짜증이 늘었으며 그로 인해 배우자나 아이와의 관계에 이상이 생기기 시작했을 것이다. 평소보다 더 신경질적으로 행동하고 인내심은 줄었을 것이다. 자기 자신을 위한 시간을 갖기를 간절히 열망하고 있다.

이 단계에서 자신을 위한 시간을 확보하는 것은 당신을 위해서도, 부부 관계를 위해서도 무척 중요하다. 9장을 보며 일과표를 다시 구성하고, 어깨를 짓누르는 정서적 짐을 줄이기 위한 조언을 들어보자. 10장에서는 부부 관계를 단단하게 만들기 위한 몇 가지 묘안을 살펴볼 것이다. 마지막으로 11장에서는 자녀와의 관계를 집중적으로 다룰 것이다. 그 전에, 6~8장에서 당신이 현재 어떤 이유로 지금과 같은 상태에 이르렀는지 알아보고 번아웃에서 벗어나기 위해 우선적으로 행동해야 할 것이 무엇인지 알아보자. 완전히 소진되었다는 기분에서 혼자 벗어나지 못할 경우 주저 말고 전문가의 도움을 받기 바란다.

76~84점: 번아웃으로 예측됨

현재 번아웃 증후군에 빠진 부모와 같은 상황에 있다고 예측된다 (이중 상당수는 이미 번아웃에 해당되거나 진행 중으로 보인다). 당신은 완전히 방전되었다. 때때로 새로운 일과를 생각하기만 해도 참을 수 없는 기분을 느낄 것이다. 당신은 버텨보려고 노력하지만, 에너지가 거의 남아 있지 않아 점차 모든 일을 기계적으로 하게 된다. 점점 더 아이의 말을 한 귀로 듣고 한 귀로 흘리는 일이 많아진다. 가족들이 잠자리에 들기만을 간절히 바란다. 아이에게 충분히 집중하지 않고, 진심으로 아이와 함께 시간을 보내지 않아 죄책감을 느끼는 일이 늘어난다. 짜증이 늘고 인내심은 사라지며, 자신이 원하던 부모의 모습에서 멀어진다. 당신은 이 단계에서 당신의 정신적·육체적 건강과 아이의 행복을 지키기 위해서 무엇보다도 먼저 휴식을 취해야 한다. 이 책에서 당신이 어떤 이유로, 어떤 상황을 거쳐 지금에 이르렀는지 파악하거나 번아웃의 궁지에서 빠져나오기 위한 전반적인 조언을 찾을 수 있겠지만, 그 무엇도 전문가의 도움에 비견할 수 없다. 무엇보다 당신은 자신을 돌보고, 자신에게 관심을 기울일 필요가 있다.

85점 이상: 번아웃에 해당

현재 상황으로는 부모 번아웃에 빠진 것으로 판단된다(이미 번아웃에 빠졌거나 앞으로 빠질 확률은 더 높을 것이다). 당신은 완전히 소진되었고 기진맥진하며 녹초가 되었다. 때때로, 새로운 하루 일과를 생각하는 것만으로도 참을 수 없는 기분을 느낄 것이다. 당신은 버텨보려고 노력하지만, 에너지가 거의 남아 있지 않아 점차 모든 일을 기계적으로 하게 된다. '아이 학교 데려다주고 데려오기-식사하기-잠자기'만 반복한다. 중요한 핵심은 듣고 있다고 생각하면서 아이의 말을 흘려듣는다. 하루하루를 견디는 마음으로 보낸다. 모두가 자러 들어가기를 간절히 바란다. 아이에게 충분히 진심으로 집중해서 함께하지 않은 것에 대해 죄책감을 느낀다. 아이 앞에서 불필요하게 신경질을 부리거나 화를 낸 것에 죄책감을 느낀다. 자신이 예전에 비해 변했다고 느끼고 자신이 원하는 부모의 모습에서 동떨어졌다는 걸 확인하고 좌절한다. 지금 이곳이 아닌 다른 곳에 있고 싶다. 자신이 나쁜 엄마 혹은 나쁜 아빠라고 생각하며 죄책감을 느낀다. 죄책감을 느끼는 상황, 그럼에도 불구하고 부모 역할을 해보려고 노력하는 것에 지쳐버렸다. 너무 피곤해서 평소의 자기 모습으로 살 수가 없고, 더는 그런 자신을 의식하지도 못한다. 제대로 돌아가는 게 하나도 없다. 해결책이 보이지 않는 상황이다.

이 단계에서 당신의 정신적·신체적 건강과 아이의 행복을 위해 휴식을 취하는 일이 무엇보다 중요하다. 앞의 단계와 마찬가지로 이 책에서 당신이 어떤 이유로, 어떤 상황을 거쳐 지금에 이르렀는지 파악하거나, 번아웃의 궁지에서 빠져나오는 데 필요할 조언을 찾을 수는 있겠지만, 그 무엇도 전문가의 도움에 비할 수 없다. 당신이 자신을 돌보는 것, 도움을 받는 것이 진심으로 무엇보다 시급하다.

5장

번아웃의
경계 신호

'번아웃에 빠지다'라는 표현은 추락하듯이 갑자기, 순간적으로 번아웃에 빠지게 된다는 오해를 불러일으킨다. 번아웃에 걸리면 빠져나오기 힘든 구멍에 박힌 느낌을 받기는 하지만, 번아웃은 어느 날 갑자기 빠져드는 것은 아니다. 오히려 그 반대로, 번아웃 증후군은 은밀하게 잠복하여 진행되거나 점진적으로 일어난다.

'빠지다'라는 표현은 높은 곳에서 낮은 곳으로 미끄러지는 걸 연상시킨다는 점에서 번아웃과 연결되는 면이 있다. 실제로 직무상 번아웃이든 부모 번아웃이든, 번아웃은 심리학자 캐리 쿠퍼Cary Cooper가 '번인burn-in'이라고 부른 시기에 뒤따라 찾아온다. '번인'은 너무 높은 이상과 야심 때문에 자기 일에 과도하게 매달리는 단계다. 쿠퍼는 에너지가 방전될 때까지 높은 목표를 향해 매달리다가 결국 추락하는 것을 번아웃으로 보았다. 이는 3장에서 설명했던, 항공 우주 산업에서 '번아웃'이 비행 중인 발사체가 연료 소진으로 추락하는 상태를 의미하는 것과 비슷하다.

번아웃은 원호를 그리듯이 진행된다. 첫째 단계인 번인은 곡선이 상승하며 과도하게 열중하는 단계이다. 그리고 나서 최고 절정인 경고 지점에 다다른다. 이를 극복하지 못하면 결국 자동적으로 두 번째 단계인 번아웃, 즉 추락으로 이어진다.

그림 5-1은 부모들이 직면하는 번인과 번아웃의 다양한 국면을 시각화한 것이다. 이미 3장에서 부모 번아웃의 네 가지 양상을 자세히 설명한 바 있다. 이번에는 번아웃으로 이어지는 국면에 대해, 어떤 과정을 거치는지 집중적으로 설명하려고 한다.

번아웃으로 진행되기 전(번인) 단계의 많은 부모에게서 주요

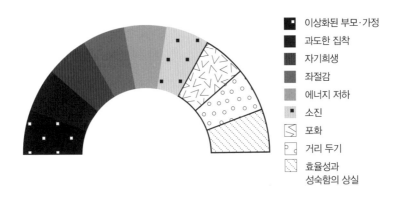

그림 5-1 번인과 번아웃의 다양한 국면

국면 다섯 가지가 나타난다. 물론 모든 부모가 이 국면을 전부 거치는 것은 아니며, 이러한 국면이 모두에게서 동일하게 지속되는 것도 아니다. 하지만 이 그래프는 번아웃이 일반적으로 어떤 과정을 거쳐 진행되는지 이해할 수 있는 힌트를 제공한다. 번아웃을 이미 경험한 부모는 번아웃이 진행되는 과정, 좋은 부모가 나쁜 부모가 되는 과정, 훌륭한 부모가 무너지게 되는 과정을 파악할 수 있을 것이다. 아직 번아웃을 경험하지 않은 부모에게는 결코 무시할 수 없는 번아웃의 경고 신호를 알아채는 열쇠가 될 것이다.

국면 1. 이상화된 부모·가정: "부모니까 당연히 뭐든 잘해야죠"

이 국면의 부모는 이상으로 가득 차 있다. 그는 슈퍼맨 같은 어머니나 아버지가 되기를 원한다. 이러한 이상을 향한 욕망은 그 근원이 다양하며, 꼭 한 가지는 아니고 경우에 따라 여럿일 수도 있다.

첫째로, 부모가 자란 가정 환경에 가장 큰 영향을 받는다. 부모는 어린 시절 자신이 자랐던 가정, 더 흔하게는 자신이 갖지 못했던 가정을 꿈꾼다. 이상적 가정을 향한 갈망은 그가 가진 상처와 결핍에 기인한다. 그 상처는 이혼과 연관된 경우가 많다. 늘 부재한 부모, 심리적으로 불안정하며 자신을 소홀히 다루고 학대한 부모와도 관련이 있다. 젊은 부모는 자기 내면에 있는 아이를 치유하고 싶어 하며, 현재와 미래에 걸쳐 과거의 상처를 회복하고 싶어 한다. 자신이 아이를 갖게 되면 그동안 꿈꾸어왔던 가정을 구축하기를 원한다. 즉 자신이 갖지 못했던 어머니나 아버지가 되기를 원하는 것이다.

세 아이의 엄마인 베로니크는 이렇게 말한다.

"우리 부모님은 제가 열 살 때 이혼하셨어요. 그건 진짜 끔찍한 경험이었습니다. 저는 행복한 어린 시절을 누리지 못했어요. 그래서 어른이 되고 제가 꾸리는 가족은 다를 거라고 스스로에게 약속했어요. 이상적인 가족을 내가 만들 거라고 말이죠!"

두 아이의 엄마인 엘리자베스의 말이다.

"우리 엄마는 외할머니를 사랑하지 않았어요. 그리고 저는 우리 엄마를 사랑하지 않아요. 거의 유모 손에 자라서 엄마와 사이가 진짜 안 좋아요. 우리 엄마처럼 될까 봐 두려운 마음이 크죠. 우리 아이들에게서 나를 사랑하지 않는다는 말은 듣고 싶지 않거든요. 엄마와 잘 지내지 못했던 사람은 자신이 엄마가 되면 아이들에게 이상적인 엄마가 되어야 한다는 압박감이 상대적으로 심해요. 물론 그건 실현할 수 없는 이상에 불과하지요."

둘째, 사회가 특정 부모에게 던지는 부정적 시선 때문이다. 여기에는 동성 부모, 싱글맘이나 싱글대디, 가난한 부모, 흑인 부모, 비만 체형의 부모 등이 해당된다. 즉, 아이에게 해롭다고 판단되는 차이점을 이유로 낙인찍힌 모든 부모를 말한다. 동성 부모를 가진 아이(단지 이해를 돕기 위한 사례로 설명하자면)가 일반 가정의 아이에 비해 더 불행하지 않다는 것은 다양한 연구를 통해 이미 증명된 사실이다. 그러나 동성 부모는 스스로 완벽해야 한다는 의무감에 시달린다. 자기 아이가 아주 작은 실수나 문제라도 보이면 그들 가정이 남들과 다르기 때문이라고 평가받는다는 사실을 익히 알고 있기 때문이다. 그들은 완벽해야 한다는 압박에 시달리고, 다른 사람들에게 판단받는 상황에 처할까 봐 두려워한다.

한 아이를 키우고 있는 로만의 말이다.

"제 배우자는 완벽해야 한다는 압박감이 크지 않아요. 하지만 저는 압박감이 꽤 심해요. 카미유가 태어나자마자, 실수를 해서는 안 된다고 생각했어요. 부모로서 내가 할 일을 못 해낼까 봐 두려운 나머지 모든 걸 잘해내길 원했지요. 그 때문에 끔찍한 압박감에 시달렸어요."

마지막으로 '단순히' 사회적 압박 때문에 이상적인 부모가 되려고 하는 경우가 있다. 우리는 이에 대해 1장에서 살펴본 바 있다. 사회적 압박은 우리가 의식하는 경우도 많지만, 많은 경우 무의식적인 방식으로 내면화된다. 그것이 부모가 읽는 책이나 잡지(《나는 아이를 키운다》[20]나 《젊은 엄마 코칭》[21])이든, 시청하는 광고(기저귀를 갈면서도 결코 불행을 느낀 적이 없다는 듯이 미소를 짓는 이상적인 엄마의 모습)이든, 다른 부모가 SNS에 올린 이미지이든, 부모는 사회에서 끊임없이 이상적인 모습을 갖추어야 한다는 압박을 받는다. 친구의 페이스북에 올라온 가족사진에서 언제나 미소를 짓고 깨끗하고 좋은 옷을 입은 아이들, 쾌적하고 차별화된 장소에서 열리는 가족 모임, 가족 구성원 모두 함께 시간을 보내는 것이 기쁘다는 얼굴로 찍힌 행복한 순간들을 본다. 솔직히 어느 부모가 마트 한가운데서 골이 나서 몸을 웅크린 아들 사진을 SNS에 게시하겠는가? 어느 부모가 숙제가 하기 싫다며 울고 있는 딸아이 사진을 올리겠는가? 공원에서 더러워진 옷을 입고 앉아 있는 아이 사진을 누가 올리겠는가? 텔레비전 리모컨을 놓고 싸우느라 골이 난 아이들 사진을 누가 올리겠는가? 우리는 이러한 사실을 모두 알고 있으면서도, 페이스북에 자기 가족이 가장 돋보이는 사진을 올리는 것을 좋아한다. 우리는 다른 가족들도 동일한 상황이라는 것을, 즉 그들 역시 화가 나서 소리 지르는 아이를 달래고, 밥을 안 먹겠다고 숙제를 안 하겠다고 하는 아이를 타이르고, 형제자매 간의 다툼을 말리는 일상을 보낸다는 사실을 잊어버린다.

한 아이의 엄마인 마갈리의 말이다.

"당시 제가 회사에서 맡은 업무가 날마다 들쑥날쑥했어요. 페이스북에서 많은 시간을 보냈죠. '내 친구들'의 인생을 들여다보는 데 빠져 있었어요. 그들의 삶은 너무 완벽해 보였거든요. 그게 한 단면에 불과하다는 걸 깨닫기까지 시간이 좀 걸렸죠."

완벽한 부모가 되려는 압박의 원인이 무엇이든, 국면 1의 부모는 이상을 향해 달려가고 그것이 실현할 수 없는 허상이라는 걸 아직 알지 못한다.

수많은 부모가 이 단계에서 두 가지 사실을 무시한다. 첫째, 완벽한 부모는 존재하지 않는다는 점이다. 인간은 불완전한 존재다. 한 아이의 눈에 완벽한 부모라 해도 다른 아이의 눈에는 그렇지 않을 수 있다. 아이들의 욕구와 필요는 저마다 다르기 때문이다. 둘째, 부모가 가장 잊기 쉬운 것인데 완벽한 부모는 오히려 아이에게 해롭다는 것이다. 아이는 실수와 우둘투둘함, 부모의 부족함 속에서 자기의 모습을 발견하며 자신을 만들어나간다.

국면 2. 과도한 헌신: "우리 아이는 내가 없으면 안 되는 걸요"

부모는 아이를 돌보는 것을 중요한 사명으로 여기며 부모 역할에 열정적으로 몰입한다. 모든 영역에서 아낌없는 헌신을 베푼다. 영유아의 경우 밤낮을 가리지 않고 챙기고 돌봐줘야 하며, 학년이 올라가면 아이를 학교에 데려다주고 데려오기, 과외활동 시켜주기, 숙제 봐주기, 식사 차려주기, 놀아주고 대화하기 등도 해야 한다.

사안에 따라 선택적으로 아이에게 집중할 때도 있지만, 질병을 앓거나 장애를 가진 아이를 둔 경우 전적으로 아이에게 집중해야 한다. 헌신은 항상 부모가 가진 내적·외적 자원과 깊이 연관되어 있다.

어떤 경우에 부모는 외부에서 '그만하면 괜찮은 환경이다'라는 시선을 받을 때가 있다. 예를 들어, 베아트리스는 건강한 두 아들을 키우고 있는데 아이들은 집에서 멀지 않은 학교에 다니고, 살림을 도와줄 입주 가사도우미의 도움을 받는다. 아들 바스티앵은 학교에서 심각한 문제를 겪고 있다. 아이들 숙제를 도와주고, 남편의 기대 (머리 좋은 엔지니어인 그는 자기 아이가 학교에서 문제를 겪는다는 걸 받아들이지 않는다)에 부응하기 위해 베아트리스는 집중해서 신경 쓸 일이 많다. 어떤 사람은 이를 당연하게 받아들일 수 있으나, 20년 전부터 조울증을 앓고 있는 베아트리스에게 이 상황은 어마어마한 집중을 요구한다. 자기 문제와 더불어 아들의 문제까지 처리해야 하기 때문이다.

아이에게 늘 매여 있어 엄청난 속박을 받을지라도, 두 번째 국면에서 부모의 헌신은 아이가 주는 행복감이나 자신이 아이에게 필요한 사람이라는 자각을 통해 충분히 보상을 받는다.

바로 '자신이 필요한 사람'이라는 생각이 번아웃을 작동시키는데 특별한 역할을 한다. 부모가 더욱 더 아이에게 집중하게 만들기 때문이다. '과도한 헌신-자신이 필요한 사람이라는 자각'의 사이클은 부모가 자기 역할을 다른 이에게 부탁할 수도 없고, 부탁하기를 원하지도 않고, 부탁할 생각도 해서는 안 된다는 사실과 맞물려 심각한 악순환을 부른다.

세 아이 엄마 가에탄은 이렇게 말한다.

그림 5-2 헌신의 악순환

"우리 남편은 승진대로를 걸었고, 저는 가정주부로 일했어요. 남편은 항상 말하곤 했죠. '나는 은행장이고, 당신은 가정이라는 중소기업의 장이야.' 그는 일도 많이 하고 출장도 자주 다녔기 때문에 저 혼자서 아이들 교육을 책임져야 했어요. 아이들은 저에게 전부였고⋯⋯, 아이들에게도 제가 전부였죠."

국면 3. 자기희생: "나보다 아이가 더 중요해요"

이 단계에서 부모는 (아직까지는) 자신이 전능하다고 생각한다. 자기 힘을 과신하며, 아이를 위하느라 본인의 욕구는 소홀히 여긴다. 자는 시간이 줄고 수면의 질도 좋지 않다. 이런저런 활동을 포기한다. 친구들도 만나지 않는다. 위험을 무릅쓰고 여가 시간이나 부부만의 친밀한 시간을 희생한다. 점차 개인적 욕구는 뒷전으로 밀려난다.

결국에는 아무런 여가 활동도 안 하고, 자신을 위한 시간은 전혀 없으며, 친구들도 거의 만나지 못하게 된다. 부부의 삶은 하나의 관념이 되어버린다.

외부에서 보면 그 상황이 심각해 보이겠지만, 당사자인 부모는 이 단계에서 심각성을 깨닫지 못한다. 실제로 이 유형의 부모는 자기 한계와 욕구를 너무 소홀히 여긴 나머지 이를 알아차리지도 못할 것이다. 자기 자신을 소홀히 여기다 보면, 결국 신체적 욕구도 무시하게 된다. 예를 들어, 식사를 거르거나 화장실 가는 것도 참는다.

이 단계에서 부모는 어머니/아버지로서의 임무에 자신을 과하게 이입한다. 그는 **우선적으로** 어머니/아버지로서의 역할을 수행하다가, 이후에는 **오로지** 어머니/아버지의 삶만 산다. 하지만 그들의 희생에는 대가가 없다. 몇 가지 포기를 하면서 부모는 약간의 대가를 치를 때도 있지만 그럼에도 아이가 그 무엇보다 더 중요하며, 다른 방식이 있다는 걸 상상하지 못한다.

가에탄은 이렇게 말한다.

"저는 아이들에게 그야말로 몸과 마음을 다 바쳤어요. 친구들은 일을 하면서, 쇼핑도 하고 운동도 즐겼어요. 반면 저는 아이들을 돌봤어요. 24시간 내내. 여가 시간도 없고 나를 위한 시간도 없었어요. 다이어트 때문이 아니라 내 시간을 벌기 위해 점심식사는 하지 않기로 결심했어요(가에탄은 충분히 날씬하다). 항상 그렇게 했어요."

국면 4. 좌절감: "그렇게 노력했는데 모두 헛수고 같아요"

국면 4에서, 부모는 좌절을 겪게 된다. 초반에는 여기저기 불만족 혹은 실망의 형태로 나타난다. 그러다가 좌절이 증폭되고, 가끔은 고통스럽기까지 하다.

이러한 좌절은 다양한 근원에서 비롯된다. 어떤 부모들은 자신이 바라던 이상적인 부모란 존재하지 않을뿐더러, 자신의 수고가 아무런 열매도 맺지 못하는 걸 확인할 때 좌절에 빠진다.

두 아이의 엄마인 나디아는 이렇게 말한다.

"우리 큰애가 태어났을 때 아이들을 돌보기 위해 일을 전부 그 만뒀어요. 제 일을 좋아하긴 했지만, 아이들 교육과 일을 병행하는 게 불가능했거든요. 저는 저희 엄마와 달리 아이들을 위해 늘 곁에 있으면서 엄마 역할을 잘해내고 싶었어요. 6년 동안 우리 아이들에게 모든 걸 줬고, 가정에서 엄마로서 잘하고 있다고 생각했어요. 그런데 큰애가 초등학교에 입학했는데 공부를 심각할 정도로 못 따라가는 거예요. 저와 남편은 이해할 수가 없었죠. 매일같이 아이와 함께 숙제를 했어요. 진짜 전쟁이 따로 없었죠. 숙제는 하루에 몇 시간이나 걸렸어요. 제 노력에 대해 보상받기는커녕, 아이의 성적은 더 곤두박질쳤고, 아이는 완전히 의욕을 잃었어요. 짜증도 나고 너무 실망스럽더라고요."

세 아이의 엄마인 린의 말이다.

"딸의 몸에 이상이 생겼고, 입원을 해야 했어요. 그래도 그때는 아이의 병이 진로에 영향을 미칠 거라고 생각을 못 했어요. 아이를 위해 곁에 있어주고 컨디션이 괜찮을 때면 온라인 수업을 따라가도록 격려해주었어요. 아이들 셋 사이에서 마치 곡예를 부리는 것 같은 나날이었죠. 퇴근 후에 병원으로 가서 매일같이 딸을 간병하고, 집으로 돌아와 남은 두 아이를 돌봤어요. 하루하루가 미친 듯 빠르게 갔어요. 그래도 잘 버티고 있었어요. 의사들이 치료가 기대만큼 효과를 보이지 않는다면서 장기 이식을 생각해봐야 할 것 같다고 말하기 전까지는요. 그 순간 제 안에서 무언가가 와르르 무너져내렸어요."

좌절은 부모가 아이를 위해 포기해야 하는 것이 있을 때 겪기도 한다. 세 아이의 아빠인 얀의 말이다.

"저는 아이들 일이라면 빠지지 않는 아빠였어요. 제 어린 시절 아버지는 늘 곁에 없었기 때문에 우리 아들이 똑같은 일을 겪게 하고 싶지 않았습니다. 다른 아빠들과 비교하면 저는 아이들에게 많은 시간을 할애했고 그게 저에겐 잘 맞았습니다. 어느 날 사장님이 저에게 지금보다 훨씬 흥미로운 자리를 제안하시더군요. 보수도 더 많고요. 하지만 집에서 100킬로미터나 떨어진 곳으로 출퇴근을 해야 하는 문제가 있었습니다. 아버지와 어린 시절의 제가 떠올랐어요. 그 자리를 거절했습니다. 제 커리어를 희생한 거죠. 그 후로 아이들이 말장난을 할 때마다 웃기지 않고 짜증이 끓어올랐어요. 아이들이 제 말을 안 듣고 반항할 때면 화가 치솟았어요. 그 자리를 거절한 걸 후회하고 있는 자신을 발견하고 놀랄 때가 많습니다."

배우자나 아이에게 인정을 받지 못한다는 걸 자각하고 좌절을 느끼기도 한다. 가에탄은 이렇게 말한다.

"저는 아이들을 위해 희생했는데 아이들은 그 사실을 몰라주더 군요. 저를 존중하지도 않았어요. 사춘기가 시작되자 저를 신발에 낀 때만도 못하게 생각하는 거예요. 남편 역시 제가 아이들을 위해 고생하는 걸 당연히 여겼어요. 자기가 돈을 벌어다주니까 나는 그 걸 잘해내야 한다면서요."

두 아이의 엄마인 쉬종의 말이다.

"아이들이 열두 살 전까지는 그렇게 귀여울 수가 없어요. 엄마 인 게 정말 행복하다고 생각했죠……. 사춘기라는 것이 우리 사랑 스러운 애들을 배은망덕한 괴물로 만들기 전까지는요."

역시 두 아이를 키우는 토마는 이렇게 말한다.

"아이들을 돌보기 위해 많은 부분을 희생했습니다. 친구들이 금요일 저녁마다 외출할 때 저는 아이들을 보려고 집에 일찍 퇴근 했죠. 친구들이 토요일마다 고카트 경주를 갈 때에도 저는 아이들 을 놀이터에 데려갔고, 마당에 아이들을 위한 작은 오두막을 지어 주기도 했어요. 동료들이 일 마치고 한잔하러 갈 때도 저는 어린이 집으로 아이들을 데리러 가고, 아내가 식사 준비를 하는 동안 애들 목욕을 시켰죠. 모두들 저를 보고 나무랄 데 없는 남편이라고 하는

데 아내는 성에 안 찼던 모양이에요. 제가 뭘 하든 만족하는 법이 없었거든요."

부모라면 누구나 좌절을 피할 수 없겠지만, 지속적인 좌절감이 부모를 얼마나 끝없는 악순환으로 밀어 넣는지 짐작할 수 있다. 프로이덴버거는 번아웃을 "어떤 명분이나 생활 방식, 헌신했으나 기대했던 결과가 돌아오지 않는 관계로 인한 피로감 혹은 좌절의 상태"[22]라고 말했다. 그의 정의는 좌절감과 번아웃의 상관계를 잘 보여준다.

국면 5. 에너지 저하: "너무 피곤하고 무기력해요"

지속적인 좌절감에 시달린 부모는 이제 국면 5로 넘어가게 된다. 몇 달 혹은 몇 년 동안 누적된 피로를 체감하기 시작한다. 부모 역할이 요구하는 희생이 어떤 것인지 또렷이 인식하게 된다. 부모가 되는 일은 자신의 모든 욕구를 희생하는 것임을 이해한다. 그러나 욕망과 현실 사이에서 괴리감을 느낀다. 자신이 가진 꿈의 일부를 포기해야 하는 상황에 처한다.

국면 5는 에너지가 저하되어 일시적 피로감에 시달리는 단계이다. 부모는 아이에게 방향을 지시하고 상황을 통제하는 선장이 되려고 하지만, 피로의 초기 징후가 드러나기 시작한다. 예를 들면 인내심이 줄어들고, 예민해지거나 비관적으로 변하며, 그냥 넘어갈 수 있는 상황에서 결국 충돌하고 만다. 어떤 부모는 자기 안으로 틀어박히거나 멍한 상태에 빠지기도 한다.

아이가(주의 깊은 성격이라면 배우자 역시) 변화를 눈치채기 시작하는 것이 바로 이 단계이다. "엄마, 왜 아무것도 아닌 일인데 그렇게 화를 내요?" "엄마? 엄마? 어-엄마! 내 말 듣는 거야 마는 거야?" "아빠, 왜 아무것도 안 하고 낮잠만 자요?"

그럼에도 이 단계에서 변화를 눈치채고 경각심을 갖는 사람은 드물 것이다. 변화가 뚜렷이 드러나기는 하지만 충분히 심각성을 느낄 정도는 아니기 때문이다. 주변 사람들은 이를 한바탕 겪고 나면 지나갈 슬럼프라고 생각한다. 그런데 앞서 그림 5-2에서 본 것처럼 국면 5는 그야말로 결정적인 단계이다. 만일 이 국면에서 손을 쓴다면 상황은 좋아질 수 있다. 반대로 사태가 계속 진행된다면 번아웃으로 직행할 것이다. 번아웃을 피해가려면 이 시점에서 부모에게 절대적인 변화가 필요하다.

상황을 되돌리기 위해 부모 자신을 둘러싼 환경에서 눈에 보이는 변화를 시도할 필요가 있다. 예를 들면, 배우자끼리 논의하여 부모의 역할을 다시금 정의하거나, 역할의 균형을 다시 맞추거나, 살림을 도와줄 도우미를 구하는 것 등이다. 감정적 지원이 시급한 부모도 있다. 이들에게는 배우자에게 정서적 지원을 받고 자신의 가치를 인정받거나 아이들의 인정을 받는 일이 큰 힘이 된다. 마지막으로, 불안이나 우울 증상이 심한 부모의 경우 전문가를 만나 심리적 지원을 받는 것이 매우 유용하다.

국면 6~9. 번아웃: "저도 번아웃일까요"

이 국면은 앞서 3장에서 설명한 부모 번아웃의 양상에 해당한다. 번아웃의 다양한 단계(신체적·감정적 탈진, 정서적 거리 두기, 포화 및 즐거움 상실, 자기 대조)가 어떻게 진행되는지는 이 부분에서 자세히 설명했다. 이러한 증상들이 늘 순서대로 진행되지 않는다는 점을 기억해두자. 초반에는 항상 탈진이 나타나며, 다른 양상이 보이는 동안에도 탈진 증상은 빈번히 지속된다. 그러나 가끔은 포화나 정서적 거리 두기가 탈진 증상보다 먼저 나타나기도 한다. 이 경우는 탈진을 막기 위한 방어기제로서 정서적 거리 두기 혹은 포화가 작동한 것이다.

많은 부모가 국면 1부터 5까지 다양한 강도의 '번인'을 겪기는 하지만, 대부분은 번아웃 증후군까지 가지는 않는다. 만약 번인의 강도가 약해서 번아웃까지 진행되지 않을 정도인데도 번아웃이 왔다면, 혹시 다른 요소가 개입하지 않았는지 검토해봐야 한다. 다음 장에서 이를 알아보자.

6장

왜 번아웃에
빠졌을까?

번아웃은 왜 우리를 옴짝달싹못하게 만드는가? 부모가 이처럼 스트레스에 시달리며 일상을 영위할 수 없는 이유는 무엇인가? 우리는 이 점을 먼저 이해하고 넘어가야 한다.

우선, 부모 번아웃 증후군을 피할 수 없는 필연적인 현상으로 받아들이는 태도는 지양하자. 그 대신 나에게 일어난 번아웃의 기제를 파악하자. 그러고 나서 인생에서 마주친 이 힘겨운 과정의 의미를 발견할 필요가 있다. 번아웃은 우리가 인생에서 강렬히 확신해온 것, 욕망해온 것들을 자문하는 계기가 된다.

예를 들어 완벽한 가정에 대한 우리의 꿈은 어떤가? 서로를 선택하여 가정을 이룬 두 사람이 서로 사랑하고, 상대를 행복하게 만들어주는 그런 자랑스러운 가정 말이다. 번아웃 증후군은 이런 가정이 현실에 존재하지 않는다는 것과, 그 같은 상상 속의 행복에 다다를 수 없다는 사실을 일깨워 준다. 이제 우리는 이러한 현실을 정면으로 마주하여 어떤 일이 일어나는지 이해해야 한다. 이해하는 것이야말로 회복으로 향하는 첫 걸음이자, 마음을 완전히 바로잡는 데 충분하지는 않아도 꼭 필요한 단계이다.

여기서 잠깐, 회복의 개념을 사용한다는 의미는 번아웃이 질병이라는 말일까? 번아웃은 현재 질병으로 공식 인정되지는 않았다. 그러나 확실한 것은 번아웃에서 빠져나오는 길은 자기 자신, 그리고 배우자와 아이를 마주하여 부모로서의 자아상*을 회복하는 일에서 시작된다는 점이다. 그런 점에서 '회복'이라는 단어는 정확하게 쓰인 말이라고 할 수 있다.

이번 장에서 우리는 어머니와 아버지들이 부모 번아웃 증후군에 빠지는 이유를 이해하는 작업에 들어갈 것이다. 이를 위해 언급할 요인은 그 범위가 상당히 방대하다. 부모 번아웃은 무척이나 복합적인 현상이기에, 이 문제와 연결된 유일하고 단선적인 이유를 밝히는 것은 불가능하다. 위험 요인으로 어떤 것들이 있는지 정도를 제시할 수 있을 뿐이다.

먼저 번아웃의 '원인'과 '위험 요인'의 차이를 잘 구별해서 이해해야 한다. 원인이란 어떤 장애나 질병을 **예외 없이** 발생시키는

● 자신의 역할이나 존재에 대해 가지는 생각.

요소를 말한다. 예를 들어 21번 염색체가 3개일 경우 예외 없이 다운증후군, 즉 삼염색체성 질환을 일으킨다. 후두의 세균 감염은 예외 없이 후두 통증, 고열과 기침 같은 불편을 일으키며, 이것은 편도선염 증상이다. 반면, 위험 요인은 어떤 증후군이나 장애의 **발생 가능성을 높이는** 요소를 말한다. 위험 요인으로 인해 장애나 질병이 늘 발생하지는 않는다. 예를 들어 흡연은 폐암에 걸릴 가능성을 증가시킨다(비흡연자의 폐암 진행과 비교할 때 상대적으로 그렇다). 그렇지만 흡연자가 모두 폐암에 걸리는 것은 아니다. 조산아는 달수를 모두 채워 태어난 아이에 비해 언어 발달이 늦어질 위험성이 높지만, 그렇다고 모든 조산아가 언어 발달이 느려지는 않는다.

부모 번아웃은 그 자체로는 하나의 원인을 찾기 힘들다. 여러 위험 요인이 복합적으로 작용한 결과물이기 때문이다. 이번 장에서는 부모 번아웃을 일으키는 주요 위험 요인을 자세히 알아볼 것이다. 그런 다음 일상에서 마주치는 이러한 위험 요인에 어떤 부모는 왜 유독 더 취약한지, 위험 요인의 영향을 상쇄한 부모는 어떻게 그럴 수 있었는지 살펴보겠다. 마지막으로, 가정 내 위험 요인이 누적될 경우 부모 번아웃이 쉽게 나타난다는 사실을 이야기할 것이다.

부모 번아웃의 다섯 가지 위험 요인

부모 번아웃의 위험 요인은 총 다섯 가지이며, 인구사회학적 요인, 상황적 요인, 개인적 요인, 교육적 요인, 가정적 요인으로 나뉜다. 이들 각 요인을 통해 부모 번아웃의 메커니즘을 밝혀내려고 노력할 것이다. 연구에 따르면 가장 중요한 위험 요인 세 가지는 개인적 요인, 교육적 요인, 가정적 요인[23]이었다.

인구사회학적 위험 요인

첫 번째 요인은 우리가 번아웃에 빠질 수밖에 없는 상황적 요소와 연관이 있다. 얼핏 보기에는 상황적 요소가 번아웃을 이해하는 데 가장 중요해 보였으나, 실제로는 그렇지 않았다. 연구 결과, 인구사회학적 요인은 다른 범주와 비교할 때 상대적으로 미미한 역할을 한다는 것이 밝혀졌다. 번아웃에 어느 정도 영향을 미치기는 하지만, 결론적으로는 그렇게 결정적인 역할을 하지 않았다.

인구사회학적 위험 요인 첫 번째는 자녀와 부모의 나이다. 평균보다 너무 이르거나 늦은 나이에 부모가 되는 일에는 부모 번아웃을 겪을 위험 요인이 내재되어 있다고 할 수 있다. 아주 어린 아이 둘 이상을 양육할 때 부모는 훨씬 힘들어했다. 그런데 연구 결과, 아이의 연령대와는 상관없이 부모 번아웃 증후군이 발생했다(청소년기 아이를 둔 부모 역시 스트레스가 상당하다).

부모 자신의 연령을 따져보자면 어느 연령대의 부모나 번아웃에서 자유롭지 않았다. 특히 미성년인 부모에게서는 명백한 위험 요인이 발견된다. 부모 역할은 상당한 자기희생을 요구하는데, 부모 본인이 생애 주기상 돌봄이 필요하거나 자기 자신에게 관심이 집중된 시기인 경우 문제가 복잡해진다. 게다가 청소년이 부모가 되는 경우는 심사숙고한 선택이 아닌 경우가 많다. 우발적인 상황, 임신 트라우마를 남기는 상황은 심각한 스트레스를 유발하며, 이것이야말로 부모 번아웃 증후군이 쉽게 발생하는 토양이 된다. 또한 부모 연령 피라미드의 정반대 쪽에 위치하는 경우, 즉 45~50세에 부모가 되는 경우에도 마찬가지로 다른 종류의 스트레스를 받는다. 의학이 발달하고 라이프스타일이 바뀌면서 늦은 나이에 아이를 갖는 부모가 많아졌다. 이들은 20대에 비해 모성애는 높을 수 있지만 그들 나름의 고민거리, 즉 신체 노화와 아이를 책임져야 한다는 불안을 동시에 안고 있다.

두 번째 인구사회학적 위험 요인은 주 양육자의 젠더이다. 우리가 성 역할, 즉 남성이냐 여성이냐에 따라 떠맡아야 하는 일과 활동이 달라진다면 주요 요인이 될 수 있다. 부모 역할에서 많은 경우 엄마가 아빠에 비해 더 다양하고 많은 일과 활동을 담당한다. 시대가 변해서 수많은 아버지들이 자녀 교육에 적극적으로 참여하고 있음에도, 여전히 육아의 일선에 있는 건 엄마들이다. 엄마는 아이의 눈높이에 맞춰 다정한 엄마, 요구하는 엄마, 들어주는 엄마, 교관 엄마, 운전 기사 엄마, 선생님 엄마, 일정표 엄마 등 전방위적인 활동을 한다. 직장에서는 열정적인 여성 역할을, 퇴근 후에는 사려 깊은 배우자이자 둘도 없는 친구 역할을 한다. 그러고 나면 자신을 위한 아주 잠깐의 시간이라도 만들어야 한다. 외모를 가꾸는 일도 소홀히 할 수 없다. 사회는 출산 후에도 여성으로서 아름다움을 가꾸라고 요구한다. 이런 상황에서 엄마는 아빠에 비해 부모 번아웃 위험도가 상당히 높아진다. 물론, 아빠가 가정과 자녀 교육에 열정적으로 신경 쓰는 경우, 반대로 아빠가 부모 번아웃에 빠질 위험이 높아진다.

인구사회학적 요인 세 번째는 형제자매의 수다. 관리해야 할 아이들이 많아질수록 부모가 번아웃을 경험할 위험도 높아진다. 아이마다 다른 욕구를 채워주어야 하며, 부모가 할 일도 어마어마하게 늘기 때문이다. 따라서 아이가 한 명에서 두 명이 되거나, 두 명에서 세 명이 됨에 따라 위험도가 배로 가중된다. 단, 아이가 세 명 이상일 경우, 아이의 수에 따른 번아웃 위험도가 높아지지 않았다. ◆ 육아에 지친 부모가 네 번째 아이를 가지지 않기 때문이거나, 손위 형제가 동생을 돌보기 때문으로 파악된다. 연구 결과, 손위 형제가 동생을 돌보는 가정에서는 부모에게 번아웃이 찾아오는 경우가 줄어들었다.

쌍둥이 출산 역시 번아웃에 빠지기 쉬운 요인을 제공한다. 우선 쌍둥이 임신은 조산이 될 위험이 높은 데다, 부모가 탈진이나 재정적 스트레스를 받을 가능성이 더 높아진다. 또한, 형제자매가 여럿인 경우 늘 집안에서 사소한 다툼이 일어나므로 부모의 에너지를 뺏는 요인이 되기도 한다. 부모가 다른 사람의 도움 없이 혼자서 아이들을 키워야 할 때 상황은 더욱 힘들어진다. 한부모가족, 특히 자발적인 상황이 아니라 어쩔 수 없이 아이를 혼자 키우는 상황이라면, 부모는 아이로 인한 짐과 책임감을 고스란히 떠안게 되므로 신체적·감정적 탈진의 위험성이 있다.

네 번째 인구사회학적 위험 요인은 '교육 수준', 즉 부모의 학력 수준이다. 교육 수준은 성공적으로 학업을 이행한 연차에 따라 달라진다. 통념상 학교 교육을 제대로 받지 못한 부모일수록 번아웃에 취약하다고 생각할 것이다. 물론 학력이 상당히 떨어지는 경우(초등교육 정도) 번아웃에 빠질 위험은 있다. 인간은 자신을 둘러싼 환경을 이해하는 방식에 따라 자기 역할을 할 수 있기 때문이다. 일반적으로는 학교 교육을 통해 복잡한 문제에 대해 생각하고 다양한 해결책을 찾는 훈련을 받는다. 다른 사람의 관점에서 문제를 이해하는 방법을 습득하는 것이다. 이러한 능력은 부모 번아웃 상황을 버티는 데 큰 도움을 준다. 반면 복잡한 문제를 다루는 해결 능력이 떨어지거나, 한정된 관점으로 현실을 볼 때는 스스로 힘에 부

◆ 네 명 이상의 아이를 키우는 부모에게 번아웃이 오지 않는다는 의미가 아니다. 그런 부모의 경우, 번아웃은 아마도 아이의 수가 아니라 다른 요인 때문에 발생할 것이다.

친다는 느낌을 받을 가능성이 크다. 이는 부모 역할에도 분명히 적용된다.

연구 결과, 부모의 높은 학력 수준은 매우 중요한 위험 요인으로 드러났다. 박사 학위를 가진 부모는 석사 학위를 가진 부모에 비해 훨씬 번아웃 위험도가 높았으며, 석사 학위 보유자 역시 학사 학위 보유자에 비해 번아웃 위험이 높았다. 부모의 교육 수준이 번아웃에 영향을 주는 원인은 다양하지만, 교육 수준이 높은 부모일수록 교육에 지대한 중요성을 부여하며, 그로 인한 압박감에 과도하게 시달린다는 점이 주요 원인으로 보인다.

다섯 번째 인구사회학적 위험 요인은 부모의 직업이다. 불안정한 일자리를 가졌거나, 장기 실업 상태에 있는 부모, 일자리를 잃은 부모는 사회 연결망에서 고립되기 쉽다. 실제로 부모는 일을 하며 다른 이들과 친분을 쌓고, 비슷한 현실을 살아가는 다른 사람들과 도움을 주고받는다. 예를 들어, 옷가게에서 일한다면 그곳에서 만난 동료들과 상품 판매 전략이나 수익성 문제, 트렌드 등을 함께 고민하게 된다. 일하는 동안 우리는 가정의 골칫거리에서 벗어나 다른 화제에 대해 이야기하고, 다른 사람들이 살아가는 이야기를 간접 경험하게 된다. 그 순간만큼은 자기 아들의 성적이 심각하다는 것을 잠시 잊어버리고, 아이의 진로 문제를 내려놓고 다른 동료들과 대화를 나눌 수 있다. 그럼으로써 아이의 상황을 한발 물러나 생각할 수 있게 된다.

가정생활 외에 '다른 삶'이 없을 경우, 부모는 흔하게 일어날 수 있는 사건·사고를 과장하여 받아들일 뿐 아니라, 인간관계가 주는 본질적인 유대와 지원이 끊어진 고립 상태에 놓인다. 일은 사회적 지원을 제공하고 충족감을 선사한다. 우리는 일을 함으로써 도전 정신을 맛보고, 업무상 성취를 만끽하고, 직장에서 동료들과 함께 노력한 일에 자긍심을 느끼기도 한다. 이러한 만족감과 자신에 대한 긍정적 이미지는 부모의 자아존중감을 고취하는 중요한 역할을 한다. 부모로서의 자아상이 다소 타격을 입어도 직업에서 이를 보완하는 것이다. 이러한 성취감의 통로인 일을 하지 못하는 상황은 '오로지 부모로서만 사는' 위험, 부모로서의 자기 자신만 보게 만든다는 위험을 가중시킨다.

보통은 재정적 문제가 없으면 부모 역할이 더 쉬울 거라고 생각할 것이다. 경제적 상황이 풍족하면 아이를 먹이고 입히고 돌보는 기본적 욕구에 관한 일상적 스트레스에서 자유롭기 때문이다. 그러나 이러한 통념과는 달리, 가정의 소득은 번아웃에 빠질 수 있는 위험도에 극히 미미한 영향을 미쳤다. 물론 충분한 돈이 있으면 부모는 여유를 가질 수 있다. 혼자, 배우자와 함께, 혹은 친구들과 외출도 하고, 자신을 위한 잠깐의 여유 시간도 가질 수 있다. 기분 전환을 하고 나면 아이를 교육하고 돌보는 일에 가벼운 마음으로 전념할 수 있다. 그 외에도 아이가 원하는 활동이나, 연수, 교육 프로그램에 등록시킬 수도 있다. 연수나 프로그램에 다녀온 아이는 흥분해서 부모에게 긍정적인 이야기를 잔뜩 늘어놓을 것이다. 반면 충분한 경제적 여유가 없는 부모는 아이를 하루 종일 돌봐야 하므로, 아이와 함께 할 수 있는 활동을 생각해내는 상상력과 열정적 관심이 더욱 요구된다.

경제적 풍요는 아이에게 가정과 학교 외에 다양한 외부 활동의 문을 열어준다. 이러한 활동에는 적지 않은 교육비가 들어가므로 안타깝게도 많은 가정이 여기에 참여할 수 없다. 그러나 불안한 경제 사정이 번아웃 위험 요인에 해당된다고 해서 풍족한 환경의 부모가 번아웃에서 자유로운 것은 아니다. 경제적으로 풍족한 부모가 이러한 결과를 충분히 활용하지 못할 수도 있고, 자신이 아닌 자녀에게 돈을 쏟아 부어야 하는 것에 불만을 느낄 수도 있다.

동네의 치안이 좋지 않거나 환경이 열악한 것도 번아웃의 위험 요인이 된다. 예를 들어 범죄가 자주 일어나는 지역에 사는 아이는 안전하고 자유롭게 외출할 수 없기 때문에 집에서 부모와 시간을 보내야 한다. 또한 주거 환경이 열악하거나 집이 너무 협소한 경우에도 스트레스를 받게 된다. 공간이 작으면 필연적으로 소음과 무질서, 혼란스러운 상황이 자주 생길 수밖에 없기 때문이다. 하지만 이를 해결할 길도 없고, 심지어 이에 대해 고민할 여유조차 없을 것이다.

마지막으로 생각해볼 요인은 문화적 환경이다. 서구적 가치를 추구하다 보면 부모 번아웃이 쉽게 자리 잡는다. 서양의 가장 중요한 가치는 개인의 자유와 독립이다. 이 말은 개인의 복지와 욕망이, 개인이 속한 그룹의 그것보다 우선한다는 의미이다. 우리 각자는 단호하게 자기 길을 나아가야 하고, 다른 이들과 차별되어야 하고, 길을 만들어야 하고, 자신을 스스로 다스리라는 가치를 배우며 살아왔다. 그런데 21세기에 부모가 되는 일은 앞서 살펴본 바와 같이 상당한 희생을 요구한다. 오늘날의 부모는 자녀가 잘되는 방향으로 살아야 한다는 압박을 한몸에 받고 있다.

이로 인해, 부모는 온갖 요구와 딜레마 사이에 갇혀버린다. 1장에서 정의한 바에 따르면 긍정적인 부모가 되기 위해서는 아이에게 전부를 내주어야 한다. 그런데 부모 개인의 성취를 이루려면, 자신을 우선으로 생각해야 한다. 대부분의 부모가 최선을 다해 자기 역할을 완수하고 싶어 하는 동시에, 아이를 위해 최선의 노력을 다한다는 사실은 자명해 보인다. 이처럼 자신을 내어주는 일, 즉 자기희생은 우리 사회의 지배적인 가치와 모순을 빚어낸다. 이런 이유로 아이에게 전부를 내어주려 하는 부모는 부모 역할을 하는 과정에서 자신이 소진되는 걸 느낀다. 부모의 역할을 하는 한 자기 시간을 가질 수 없고, 개인적 욕구와 멀어질 수밖에 없으며, 시간을 원하는 대로 쓸 수 없기 때문이다.

종합해 보자면, 부모 번아웃 증후군에 빠질 위험도에 관여하는 인구사회학적 위험 요인은 다음과 같다. 부모 연령이 너무 높거나 낮은 경우, 어린 자녀를 적어도 두 명 키울 경우, 자녀가 세 명일 경우, 한부모가족인 경우, 부모의 교육 수준이 높은 경우, 부모가 직업이 없는 경우(혹은 육아휴직 중인 경우), 경제적으로 곤궁한 경우, 주거 환경이 열악한 경우, 개인주의 문화에서 아이를 키우는 경우다. 하지만 이러한 요인의 영향은 나중에 자세히 살펴볼 개인적 요인, 교육적 요인, 가정적 요인과 비교하면 제한적이다. 위에서 언급한 위험 요인 중 해당되는 것이 없더라도 번아웃 증후군이 올 가능성은 여전히 존재한다.

상황적 위험 요인

부모 번아웃은 우연히 일어나지 않는다. 부모 번아웃을 겪은 이들은 번아웃을 촉발하는 요소가 있었다고 입을 모아 이야기한다. 대부분의 경우, 이는 부모가 견디기 힘든 상황, 대처하기 어려운 인생의 어떤 사건과 관련이 있다. 이는 상황적 위험으로, 특별한 상황과 연결된 위험이다. 상황적 위험의 영향은 개인적 요인이나 교육적, 가정적 요인에 비해 상대적으로 강하지는 않지만, 주의 깊게 살펴볼 필요는 있다.

부모나 자녀, 가까운 사람이 질병에 걸리거나 사망하는 등 인생에서 큰 사건·사고를 겪는 경우가 있다. 이렇게 특수한 상황은 부모의 행복, 더 나아가 가정의 평화를 깨뜨린다. 사건이 정상 범주에서 벗어날수록 그 사건으로 인한 외상적 경험도 더욱 커진다. 조부모가 돌아가신 슬픔을 극복하는 것은 정상 범위에 속한다. 반면 부모가 자녀의 죽음을 경험하거나 아이가 질병에 걸리는 일, 아이의 부모가 병에 걸리거나 사망하는 것은 난데없이 발생한 강렬한 사건이다. 사건의 '비정상적' 특징은 트라우마의 영향을 강화한다. 이는 심리학적 관점에서뿐 아니라 신체적 관점에서도 면역력을 떨어뜨려 부모를 무너지게 한다. 즉 질병에 걸리거나 쇠약해질 위험이 커진다.

부모 번아웃이라는 사건을 겪는 것 역시 마찬가지다. 가족의 사망 외에도, 인생에서 만나는 힘겨운 사건이 부모 번아웃에 빠질 위험을 높인다. 화재나 갑작스러운 해고 통보 등 가정에서 일어난 심각한 사건이 이에 해당한다. 이처럼 부모가 가진 내적·외적 자원이 특수 상황 때문에 소모되면 부모 역할을 감당하는 데 쓰여야 할 자원도 함께 줄어든다.

그 밖의 상황 요인은 아이와 관련된 것이다. 실제로 부모 번아웃은 아이가 가진 어려움과 연결될 수 있다. 어떤 아이는 다른 아이들에 비해 다루기가 엄청나게 힘들다. 아이의 기질이 까다롭기 때문일 수도 있고, 아이가 행복하지 않기 때문일 수도 있다.

더 나아가 아이를 임신한 순간부터 모든 위험에 노출된다. 번아웃은 어머니의 신체가 고통을 경험하는 시기, 밤낮을 가리지 않고 겨우 쪽잠을 자는 등 피로가 커지는 시기에 뿌리를 내리기 때문이다. 물론 모든 것이 최선의 방향으로 흐르는 경우에는 회복도 순조롭다. 하지만 임신 이후에는 비슷한 검사를 수도 없이 받아야 하고, 초음파 검사에서 이상 징후라도 발견되면 스트레스는 가중되며, 조산의 위험성도 무시할 수 없다. 그러는 동안 상황은 더욱 복잡해지고, 이 때문에 엄마는 일종의 탈진 현상을 겪게 된다. 이 경우의 탈진은 잘 알려져 있듯이 산모가 흔하게 경험하는 산후우울증의 형태를 띠기도 한다. 하지만 우리가 3장에서 살펴본 것처럼, 부모 번아웃은 산후우울증의 한 삽화로 요약될 수 없다.

번아웃은 장애아동, 발달장애아동, 행동장애아동, 만성질환이나 심각한 질환을 앓는 아이를 양육하는 부모에게서 두드러지게 나타난다. 자기 아이가 자폐증이나 지적장애 판정을 받거나 암이나 당뇨병에 걸렸다는 진단을 들었을 때 부모가 느낄 슬픔을 상상해보라. 이런 상황은 아이와의 관계에 크게 영향을 미친다. 남과 다른 아이 또는 아픈 아이를 키우는 부모는 매순간 아이에게 집중해야 한다. 한순간도 쉬지 못하고, 아이의 미래에 대해 늘 불안하게 자문한다. 죄책감, 심적 탈진, 분노, 아이에 대한 과도한 헌신이 한데 뒤섞여 언제 폭발해도 이상하지 않다. 이는 아무리 훌륭한 부모라도 번아웃으로 몰고 간다.

발달장애, 신체장애 혹은 질병 외에, 부모와 아이의 관계에 영향을 미치는 요소가 또 있다. 아이의 기질 역시 가족이 화목해질지, 아니면 위태로운 탈진을 경험할지 등 가정의 분위기에 영향을 꽤 미친다. 살면서 한 번 정도는 까다로운 아기, 쉬지 않고 울어대는 아기를 본 적이 있을 것이다. 아이가 그런 면이 있다 해서 부모의 한결같은 애정이 사라지지는 않는다. 하지만 밤에 전혀 잠을 자지 못하고 낮에 잠시도 아이에게서 눈을 떼지 못하는 상황, 아이 때문에 평소 습관이 완전히 무너지고 세상으로부터 고립되어 집에 틀어박혀야 하는 상황을 견디지 못하는 부모들도 있다. 주변에도 그런 아이를 둔 부모가 있을 것이다. 부모 말을 전혀 듣지 않고, 인내심을 시험하며, 부모의 성질을 돋우고, 합리적이고 좋게 해결하려는 부모를 극한까지 밀어붙이는 아이 말이다. 아이의 성격에 따라 부모는 매일같이 지쳐 나가떨어지거나, 수월하게 아이를 키우거나 둘 중 하나가 된다.

그러므로 번아웃에 빠질 위험을 키우는 요인 중에 아이로 인한 위험 요인이 존재한다는 것을 강조할 수밖에 없다. 임신을 한 순간부터 조산 위험을 겪는 순간까지, 신체장애 및 발달상의 문제, 행동장애나 질병 문제 등을 일일이 따져보면, 아이는 우리가 꿈꾸던 가족을 이루는 이상적 이미지와는 동떨어진 존재로 보인다.

결론적으로, 부모 번아웃의 가장 중요한 상황적 위험은 아이와 관련된 어려움, 그리고 부모의 인생에 갑작스레 일어나 트라우마가 된 사건이다. 우리는 연구를 통해 아픈 아이, 장애아, 정서장애나 행동장애, 학습장애를 겪는 아이를 키우는 부모의 경우, 아이의 장애와 질병이 일상생활을 짓누르는 강도와 비례하여 부모 번아웃이 발생한다는 점을 알 수 있었다. 아이가 특정학습장애로 독서나 계산에 어려움을 겪더라도, 아이의 숙제를 도와주는 사람이 따로 있고 부모는 아이가 학교와 일상생활에 잘 적응하게끔 응원해주는 역할만 하는 경우 부모 번아웃의 위험은 증가하지 않았다. 반면, 부모가 매일같이 몇 시간씩 아이의 숙제를 같이 해주고 아이의 진로를 고민하느라 걱정이 심한 경우에는 부모 번아웃이 올 위험이 눈에 띄게 증가했다.

개인적 위험 요인

영향이 큰 위험 요인 첫 번째는 번아웃에 취약한 개인의 성격이다. 번아웃 증후군을 부르는 위험 요인은 사람마다 다르다. 어떤 요인 때문에 차이가 나는 것일까?

우리의 연구에 따르면 이 범주 내의 가장 중요한 요인이자, 교육적 요인·가정적 요인과 더불어 가장 중요한 첫 번째 요인은 부모의 정서적 유능성이다. 감정을 알아차리고 이해하고, 표현하고, 경청하고, 자신과 타인의 감정을 제어하는 능력 말이다. 부모 역할이란 소소한 일상적 기쁨(아이가 당신을 향해 달려와 품에 안기는 걸 보는 것)부터 드물게 찾아오는 강렬한 감정(아이가 태어나는 걸 보는 순간 경험하는 감정)까지 광범위하고 다채로운 감정을 관리하는 경험의 총합이다. 부모 자신이 감정과 어떤 관계를 맺고 있으며 이를 어떻게 다루는가 하는 점은 부모 역할을 감당할 때 특히나 중요하다.

자신의 감정이 어떤 것인지 인식하지 못하고, 감정을 이해하거나 표현하지 못거나, 감정의 강도를 조절하지 못하는 부모는 부모 역할을 몹시 피로하게 받아들일 위험이 있다. 아이의 감정을 알아차리지 못해서 결국 아이에게 적절하게 반응하지 못하는 부모도 마찬가지이다. 어린아이는 터무니없이 짜증을 부리거나, 울면서 소리를 지르거나, 기쁨을 주체하지 못하는 모습을 보인다. 어린아이는 감정의 강도를 조절할 줄 모르기 때문에 부모의 도움이 필요하다. 한편 청소년은 감정을 드러내지 않거나, 반대로 과도하게 표현하는 양극단적인 경향을 보인다. 두 경우 모두 부모에게는 상당한 해석 능력이 필요하다. 엄마나 아빠가 자녀의 감정을 알아차리지도 못하고 그에 대한 반응을 보이지도 않는다면 부모와 아이는 충돌할 수밖에 없다.

또 하나의 중요 요인은 부모가 과거에 자신의 부모와 어떤 관계를 맺었는가 하는 것이다. 나는 부모와 따뜻함과 애정이 깃든 관계였는가, 아니면 긴장되고 힘든 관계였는가? 자녀와 긍정적 소통을 주고받는 능력은 어린 시절의 경험에 어느 정도 좌우된다. 구체적으로 말하자면 우리가 아버지·어머니와 맺은 관계와 소통방식을 통해 이를 습득하는 것이다. 부모-아이 간에 형성된 초기 관계는 현재의 관계에 필연적인 흔적을 남겨 더욱 신뢰감 있는 관계를 형성하기도 하고 그 반대가 되기도 한다. 우리는 부모의 시선으로 형성되었다 해도 과언이 아니다. 자신을 바라보는 부모의 눈을 통해 우리는 스스로를 자랑스럽게 느낄 이유를 찾는다. 부모와 잘 맞고 관계가 좋으면, 나를 사랑하는 부모의 눈을 통해 스스로를 가치 있는 존재라고 생각하고, 자신이 부모의 관심을 받을 만한 자격이 있다는 것을 받아들인다. 반면 부모와의 관계가 위기의 연속이면 어쩔 수 없이 자신에 대해 부정적 이미지를 갖게 된다. 스스로 타인의 사랑을 받을 자격이 없다고 생각하고, 자신을 보호하기 위해서 타인과 관계 맺는 것을 피한다. 자신은 사랑받을 수 없으리라는 불안에 시달리고, 친밀한 관계를 회피하는 부모는 자신의 자녀를 대할 때 어려움을 겪는다. 이런 경향이 있는 사람은 배우자나 자녀와 안전한 애착을 만들 수 없으므로, 아이와 거리를 두는 냉정한 부모가 된다.

세 번째 요인은 부모의 완벽주의, 더 상세히 말하자면 부모 자신이 실수를 할까 봐 두려워하는 것이다. 완벽주의 성향의 소유자는 자기 기준이 높아서, 스스로에게 달성 불가능한 목표를 부과하기도 한다. 그들은 자신이 성취한 것에 대해서는 칭찬하는 법이 없고, 자기 자신에 조금도 만족하지 않는다. 결국 불가능한 목표를 이루려고 애를 쓰다가 신체적·정서적으로 탈진해버리고 만다. 이러한 부모는 완벽한 부모 역할을 해내려고 끊임없이 노력한다. 이 책의 초반에서 묘사한 바로 그 '긍정적 부모'가 되고 싶기 때문이다.

이들이 자기 아이를 위해 기울이는 노력은 끝이 보이지 않는다. 아이가 제대로 발달할 수 있도록 재능을 이끌어주기 위해 쉬지 않고 노력한다. 이러한 완벽주의에 부모 자신이 제대로 해내지 못하거나 노력한 만큼 결과가 나오지 않을까 봐 두려워하는 마음까지 더해지면 탈진에 이를 수밖에 없다. 실제로 부모가 엄청난 노력을 기울여도, 아이는 학업을 따라가는 데 어려움을 겪거나 행동상 문제를 겪거나(자녀는 우리가 바라는 대로 완벽하고 성숙한 아이가 되지 않는다. 잘못된 선택을 하거나 그릇된 일을 저지르기도 한다), 부모에게 배은망덕한 태도를 취하기도 한다(부모가 기울이는 노력을 알아차리지 못하고, 부모가 만족스러워하는 자기 재능도 알아차리지 못한다). 만일 부모가 만족하는 기준이 너무 높거나, 모든 문제가 자신의 잘못 때문이라고 생각한다면 번아웃에 빠질 위험성은 높아진다.

마지막 요소는 부모 자신의 성격과 관련이 있다. 부모 번아웃에 특히 빠지기 쉬운 성격이 있다. 정서적 유능성 면에서 볼 때, 정서적 불안정성(일명 히스테리)은 가장 중요한 위험 요인이 된다. 정서적으로 불안정한 성격의 부모는 작은 사건에도 크게 동요한다. 스트레스는 이들에게 큰 타격을 준다.

결론적으로, 부모 번아웃을 유발하는 개인적 위험 요인 중 가장 주목해야 하는 것은 낮은 수준의 정서적 유능성, 과거 부모와 맺은 불안정한 애착 관계, 부모의 완벽주의, 예민한 성격이다.

교육적 위험 요인

부모 번아웃은 교육적 위험 요인의 지대한 영향을 받는다. 일례로 아이와의 관계를 악화시키는 부모의 일상적인 행동을 들 수 있다. 우리는 앞서 완벽한 부모나 이상적인 자녀 교육은 존재하지 않는다는 점을 확인했다. 이는 자명한 사실이다. 그럼에도 교육적 관점에서 볼 때 부모가 명백히 하지 말아야 할 행동이 있다. 이를 일컬어 ICE*라고 한다. I^{Inconsistance}는 비일관성, C^{Coercition}는 강압성, E^{Escalade}는 점진적 분노 표출(힘겨루기)을 의미한다. 이 세 가지 유형의 태도를 피해야 하는 이유가 무엇인지, 이러한 태도가 어떤 면에서 부모와 아이의 관계를 부정적으로 만드는지 살펴보겠다.

· I: 비일관성

부모가 일관되지 않은 교육 태도를 보이면 아이는 벌을 가벼이 여길 우려가 있다. 다시 말해, 부모가 실제로는 벌을 주지 않거나 혹은 금방 화를 거둘 거라고 생각한다. 물론 누구나 일관성을 잃을 때가 있다. 차에서 난리를 치는 아이에게 조용히 하지 않으면 다음 휴게소 주차장에 두고 갈 거라고 윽박지르는 일이 왜 없겠는가? 소란을 피우며 밥을 먹는 아이에게 '소란을 멈추지 않으면 밥을 굶고, 놀거나 이야기하는 것도 금지고, 잘 자라는 인사도 없이 자러 들어가야 한다'고 소리치는 일이 왜 없겠는가? 5분 안에 말을 듣지 않으면 아이가 가장 좋아하는 장난감을 뺏겠다고 꾸짖는 일이 왜 없겠는가? 화가 나서 너무 급하게 말을 내뱉다 보면 일관되지 못한 모습을 보일 때가 종종 있다. 아이에게 주려던 벌은 갑작스럽고 비

♦ 영어로 '얼음' 혹은 '냉정함'을 의미한다.

현실적이며(고속도로 휴게소 주차장에 자기 아이를 버리고 떠날 부모는 없다!), 과장된 것(아이가 말을 안 듣는다고 해서 사랑한다는 말도 없이 아이를 빈속으로 침대로 보낼 리 없다), 혹은 잔인한 처사로 보인다(아이의 애착 인형을 뺏고 아이 혼자 괴롭게 두다니?).

비일관성은 부모의 체면을 깎아내리고, 부모를 향한 아이의 신뢰를 떨어뜨린다. 부모가 끔찍한 일들을 입 밖에 내지만 그건 모두 허풍에 불과할 뿐, 실제로는 벌을 주지 않을 거라는 걸 아이는 재빠르게 습득한다. 아이는 결국 '허풍'과도 같은 부모의 말을 믿지 않게 된다. 그들은 벌 따윈 없다고 믿고, 자기 마음대로 행동하며, 자신이 전지전능하다는 느낌에 사로잡힌다. 아버지와 어머니와의 관계에서 자신이 '주인'이라고 생각하는 것이다. 실제로 아이가 그렇게 믿고 행동하기도 한다. 이 때문에 부모는 기본적인 일상생활에서 아이가 자기 말을 따르게 하는 데 실패하고 자포자기하고 싶은 느낌을 받는다.

게다가 부모가 교육 태도를 일관적으로 취하지 않으면 결과적으로 아이의 요구가 늘어나고 부모는 스트레스를 받게 된다. 아이는 실제로 자기가 고집을 '조금만 더' 부리면, 부모의 '안 돼'가 '그래'가 될 수 있다는 걸 재빨리 알아차린다. 그래서 부모가 처음으로 아이의 요구를 거절할 때 아이는 부모를 다시 조르는 경향을 보인다. 부모의 마음을 약하게 하려면 필요한 행동이라고 생각하기 때문이다. 만일 매일 아이가 부모에게 평균 열 가지 요구를 하는데(물론 실제로는 그보다 적을 것이다), 이 요구가 다섯 배씩 늘어난다면(부모가 의견을 바꾸게 하려고 떼를 쓰다 보니 자꾸 늘어난다고 하자), 우리는 매일같이 50가지의 요구를 듣게 된다. 만일 아이에게 형제자매까지 있어, 여러 명이 각자 원하는 것을 요구하고 조르는 상황에 놓이면 부모가 어떠한 스트레스와 탈진을 경험할지 상상해보라.

· C: 강압성

강압성은 아이에게 신체적·심리적으로 엄격한 벌을 줄 때 나타난다. 아이의 행동이 잘못되었음을 부모가 지나치게 강하게 표현하는 것을 말한다. 부모는 아이를 벌주기 위해 손바닥이나 따귀, 엉덩이를 때리거나 얼마간 침묵하기도 한다(아이를 투명인간 취급하는 등의 행동). 또는 아이가 말할 때 못 들은 체하거나, 아이에게 욕설을 날리거나, 아이 친구나 다른 가족의 면전에서 아이가 잘못한 일을 꺼내어 놀리거나 수치심을 준다. 부모가 한계에 다다라 녹초가 되었을 때, 이러한 행동은 아이에게 받은 만큼 되갚아주고 싶은 욕구를 해소해주기도 한다. 하지만 거꾸로 말하면 이점은 그것밖에 없다. 기본적으로 강압적 수단을 써서 아이를 대하게 되면 부모와 아이 관계는 돌이킬 수 없는 상황으로 흐르기 때문이다. 즉 '회복 불가능한' 길에 들어서는 것이다. 언젠가는 강압적으로 아이를 대하는 것이 끝나는 시점이 오겠지만, 아이의 마음에 남은 흔적은 지울 수 없다. 아이의 자아존중감은 상처를 입는다. 아이는 성장하는 과정에서 자신이 못난 사람이고, 말 그대로 '사랑받을 수 없는' 사람이며, 부모를 실망시켰다는 생각을 어쩔 수 없이 내면화하게 된다. 그는 더이상 나빠질 것이 없고, 올바른 행동을 하기 위해 노력하는 것도 의미가 없다고 생각한다. 아이는 결국 자신이 만들어낸 자아상, 즉 이것이 진짜 내 모습이고 자신은 그렇게 살 수밖에 없다고 내면화한 부정적인 이미지에 순응하고 만다.

관계가 이 지경에 이르면 이를 돌이키는 것은 굉장히 힘든 일이다. 게다가 고통스럽기까지 해서 사람들은 틀어진 관계를 회피하거나, 신경 쓰지 않거나, 부정하는 편을 택한다. 아이와의 관계가 고통스러울 때 부모 번아웃 증후군이 발생하기 쉽다.

· E: 점진적 분노 표출(힘겨루기)

점진적 분노 표출은 처음에는 별것 아닌 일로 시작했다가 점점 화가 치솟아서 부모가 이성적 판단을 하지 못하고 과도하게 아이를 비난하는 것을 말한다. 즉 부모와 아이 양쪽 다 싸움의 승자가 되려고 힘겨루기를 하는 상황이다. 당신이 아이에게 밥을 한 숟가락이라도 더 먹이려고 안간힘을 쓰며 간청하는데 아이가 딱 잘라 거절하는 장면을 상상해보라. 당신은 목소리를 높이고, 아이는 점점 더 의자에서 일어나려고 발버둥을 친다. 한 단계 더 올라가면 당신은 아이의 어깨를 잡고 방구석으로 끌고 간다. 아이는 전속력으로 도망친다. 당신은 부모의 권위가 제대로 발휘되지 못해서 화가 머리

끝까지 치솟는다. 이제 당신은 아이를 잡으려고 달려가며 단호하게 결심한다. 그런데 정확히 무슨 결심일까? 아이를 잡고 나면 알게 될 것이다……. 당신은 일단 잡힌 아이를 방으로 몰아넣고, 가차 없이 문을 잠근다. 아이 역시 당하고만 있지는 않는다. 즉시 소리를 지르기 시작하고 부모를 문 앞으로 불러내려고 미친 듯이 문을 두드릴 것이다. 당신은 머리끝까지 화가 치민다. 하지만 당신 앞에 열린 길은 무엇이든 결코 해서는 안 되는 위험한 것뿐이다. 문을 부수든 말든 방 안에 아이를 그대로 내버려두는 것, 혹은 아이가 싸움의 승기를 잡게 되더라도 당신이 문을 여는 것, 어느 쪽이든 그렇다.

　　현실에서 이런 행동은 백해무익한 실패의 지름길이다. 아이는 어른에 비해 조심성이 부족하다. 아이가 문을 부수려고 하는 등 위험한 행동을 하는 것은 화가 나서 판단을 제대로 못 하기 때문이다. 아이는 지금 이 순간만 생각할 뿐, 자신의 행동과 부모의 행동을 장기적·복합적으로 생각하지 못한다. 따라서 부모가 점진적으로 분노를 표출하며 힘겨루기를 해보았자, 아이가 이길 수밖에 없다(부모가 폭력을 써서 아이를 굴복시키지 않는 한 그렇다. 물론 절대 사용해서는 안 되는 방법이다). 결과적으로 부모는 화가 치솟은 채로 자신이 실패했으며 상황을 원만히 처리하지 못했다는 결론에 이른다.

　　번아웃과 관련된 교육적 위험은 이렇듯 부모의 비일관성과 강압성, 점진적 분노 표출에서 기인한다는 사실을 다시 한 번 강조할 수밖에 없다. 아이와 세심하게 관계를 맺어나가며, 부모 자신의 스트레스를 잘 조절하는 태도를 유지하는 것이 가장 중요한 원칙이다.

가정적 위험 요인

앞서 살펴본 개인적·교육적 위험 요인과 마찬가지로, 가정적 위험 요인은 부모 번아웃 증후군을 진단하는 중요한 지표이다. 이 요인은 부부 관계 및 가족이라는 조직과 연결되어 있다.

부부 관계와 연관된 위험 요인부터 살펴보도록 하자. 부부는 부모 역할의 키포인트다. 부부는 서로를 지원하고 지지해주는 역할을 하지만, 부부 관계에 서로 만족하지 못하거나 자녀 교육에서 이견을 보일 때에는 중대한 스트레스 요인으로 작용한다.

첫 번째 위험 요인은 공동의 부모 역할이 만족스럽지 않은 경우이다. '협력적 육아coparentalité'란 자녀를 교육하고 보살피는 과정에서 부모 두 사람이 충분한 협조를 이루는 것을 말한다. 여기에는 가사 분담 및 교육적 가치에 관한 동의까지 포함된다. 아이의 행동을 칭찬하거나 벌을 줄 때 두 사람이 의견 일치를 이루는가? 예를 들어, 아이가 부모의 말을 듣지 않을 때 매로 때리는 벌을 주는 것에 부모 양쪽이 동의하는가, 혹은 둘 다 체벌을 반대하는 입장인가?

협력적 육아는 부모 양쪽이 이런 다양한 문제에 일관된 합의를 이룰 때 가능하다. 그렇지 않은 경우, 아이에게 벌을 내리거나 엄격한 평가를 내린 후에 다른 부모가 이를 무산시키는 일이 벌어지고, 결국 부모의 권위 자체가 흔들리게 된다. 혹은 아이의 학업 성취,

스포츠 활동, 자유 시간, 어른에 대한 절대적 존경에 대해서도 부모의 우선순위가 달라 혼란이 가중될 수 있다. 부모가 배우자를 비방하는 것, 즉 '너희 아빠(엄마)는 좋은 부모가 아니야'라고 아이 앞에서 말하는 것도 위험 요인을 높이는 행동이다.

물론 부모 간의 의견 조율이 늘 쉽지는 않으며, 갈등 상황을 거쳐 타협이 이루어지기도 한다. 그러나 식사 시간에 부모가 함께 이런 문제를 의논하거나 다정하게 상의하는 경우는 드물다. 부부 간에 의견 불일치와 충돌이 만연한 상태로 부모 역할을 수행하는 것은 부모 번아웃이 발생할 수 있는 중대한 위험 요인이 된다. 아이에게 배우자에 대한 부정적 이미지를 심어주거나, 아이 앞에서 상대의 교육 결정에 반대하거나, 상대의 판단이 못 미덥다는 표현을 빈번히 할 때 부모 역할을 수행하는 능력은 치명타를 입는다.

두 번째 중요한 위험 요인은 부부 관계의 불만족이다. 부부의 행복은 가정의 평화를 이루는 가장 중요한 요소이다. 배우자와 함께 행복하게 귀가하는 것, 친밀한 즐거움의 순간을 공유하는 것은 무척 중요하다. 하지만 현실에서는 배우자에게 매력을 느끼지 못하고 부부가 더는 서로에게 만족을 주지 못하는 일이 종종 일어난다. 이쯤 되면 부부는 남들 앞에서 대놓고 갈등을 빚으며 긴장을 일으키는 근원이 된다. 가족 내에서 겪는 갈등은 스트레스의 중요한 이유가 된다. 특히 긍정적인 상호작용을 통해 심적 보상을 받지 못할 경우 더욱 그렇다.

불만족스러운 부부 사이에 충돌이 일어나면, 두 사람은 싸운 후에도 이를 '되새김질'하는 경우가 많다. 다시 말해 이미 일어난 일, 분노에 차서 입 밖에 꺼낸 불쾌한 일에 대해 부정적인 생각을 몇 번이고 깊이 하는 것이다. 이러한 '되새김질'은 사고를 점령하여 현재에 집중하지 못하게 한다. 부모 역할을 하는 과정에는 아이의 말을 들어주고, 아이를 돕거나 돌보고 활동을 같이 하고, 아이를 위로하거나 사랑하기 위해 엄청난 집중력과 정서적 가용성˙이 필요하다. 그런데 배우자와 불화가 생기면 아이를 돌보는 일로 갈등하기 때문에 가족 관계에 치명적일 수밖에 없다. 자녀 교육의 어떤 결정을 두고 배우자와 다투거나, 가정에서 일어난 일, 혹은 잘 챙겼어야 했는데 놓친 이러저러한 일에 대해 상대에게 비난을 퍼붓는 상황이 심심찮게 일어난다. 이유가 무엇이든지 간에, 부부 갈등은 언제나 정서적으로 큰 대가를 치른다. 아이가 있을 경우 그 결과는 훨씬 증폭된다. 부모는 아이 앞에서 말다툼을 하더라도, 아이가 부모가 갈라설까 봐 걱정하는 일이 없도록 두 사람이 서로 사랑한다는 것을 아이에게 보여주고 안심시켜주어야 한다. 반대로 아이를 보호한다는 이유로 아이 앞에서 혹은 아이가 들을 때 싸우는 것조차 피하고 미룬다면 그것 역시 부부 간 소통이 지연되는 결과를 낳아, 정서적

• '언제 어디서든 부모가 필요할 때 옆에 있거나, 일이 생겼을 때 곧장 달려올 수 있다'는 것을 아이에게 충분히 전달하는 정서적 상호작용을 의미한다.

으로 부정적인 대가를 치르게 된다.

가족과 관련된 번아웃 위험 요인이 하나 더 있다. 부모로서 할 일의 루틴이 안정적이지 않으면 번아웃에 빠질 위험이 높아진다. 자녀 교육과 관련해 가정에서 처리할 업무는 수없이 많다. 아이는 지치지 않고 가족이 공유하는 공간을 무질서하게 만든다. 바로 이런 환경에서 부모의 정신적 부담이 증가한다. 부모의 머릿속에는 잊지 않고 챙겨야 할 일 리스트가 빼곡히 있다. 주말에 장보기, 토요일 아침 전에 운동복 세탁하기, 분실한 교통 카드를 찾기 위해 붙박이장 정리하기, 화요일 아침마다 자동차 짐칸에 운동 가방 실어두기, 목요일마다 간식 준비하기, 아이 친구의 생일 파티가 열리는 수요일 오후 전에 생일 선물 준비하기 등등. 이런 모든 업무를 처리하려면 반복적이고 예측 가능한 루틴이 필요하다. 이런 루틴 없이는 정신적 부담을 매번 견디기 힘들 것이다. 최소한의 노력으로 일을 처리하는 질서가 없다면, 가족이라는 조직은 그야말로 악몽이 되어버린다. 이런 잡무 외에도 가정을 돌아가게 만들려면 아이, 부부 관계, 일, 여가, 자신을 위한 시간 등을 적절히 분배해야 한다.

시간을 최적화하여 분배하는 것만으로도 부모의 좌절감을 줄일 수 있다. 부모는 자신을 위해 단 15분도 내기 힘들 때, 가정과 일을 조율하기 힘들 때, 배우자가 자신에게 충분히 관심을 두지 않는다고 생각할 때 좌절하기 때문이다. 정서적·육체적으로 균형 있는 생활을 하려면 아이와 배우자를 챙기는 시간만이 아니라 자신에게 몰두하는 시간도 필요하다. 몇 달 혹은 몇 년간 자신은 방치한 채 언제나 아이의 욕구만 충족시키며 지내던 부모가 번아웃을 겪는 일이 많은 건 이 때문이다. 자기 자신이 없는 일상이 계속되는데 아무렇지 않은 부모는 없다. 다양한 욕구에 적절히 시간을 배분할 때는 표면적 평등함(아이와 보내는 시간과 배우자와 보내는 시간의 양을 동일하게 갖는 것)의 관점이 아니라, 공정함의 관점(부모를 포함해 가족 구성원 각자가 원하는 방식으로 자신의 욕구에 맞춰 시간 보내기)에서 접근해야 한다. 좌절과 스트레스를 겪으며 아이와 내리 시간을 보내는 것보다는 짧게라도 아이에게 집중하면서 시간을 보내는 편이 낫다.

종합하자면 부모 번아웃에 가장 중요한 영향을 미치는 가정적 위험 요인은 부정적인 부모 역할, 불만족스러운 부부 관계, 가족이라는 조직을 돌아가게 하는 안정적 루틴의 결여이다.

마지막으로 추가할 위험 요인은 부모가 어려운 상황에 처했을 때 외부에서 지원을 받지 못하는 상황이다. 배우자나 파트너의 지원 외에, 가정에 도움을 줄 수 있는 사회적 지원이 굉장히 중요하다. 조부모나 가까운 친구의 도움이나 신원이 확실한 도움 서비스를 받지 못하는 경우, 부모는 막다른 상황에서도 자신의 일과 책임을 다 떠안게 된다.

아프리카 속담에 "한 아이를 키우려면 온 마을이 필요하다"라는 말이 있다. 부모가 맡은 책임은 실제로 몹시 광범위하며, 외부의 도움과 지원이 절실히 필요하다. 그런데 현실 사회에서는 도움을 요청하는 일이 쉽지 않다. 보통 도움을 필요로 한다는 것은 자기 일을 잘 처리하지 못한다는 의미로 받아들여지기 때문이다. 현대 사회의 부모는 언제든 이런 말을 들을 위험을 무릅써야 한다. "미안해, 네 아이들을 돌보는 건 힘들겠어." "미안합니다. 지금은 당신을 도울 수 없겠어요." 그러나 부모가 자신을 위한 시간을 갖고, 힘을 회복하기 위해서는 사회적 지원에 기댈 수 있는 분위기와 여건이 마련되어야 한다.

7장

번아웃에 빠지는 부모와
빠지지 않는 부모

스트레스를 견디는 힘은 각자 다르다

앞에서 살펴본 것처럼 위험 요인 리스트는 상당히 길다. 이 리스트를 본 사람은 대부분 부모가 번아웃 상황을 피하는 게 불가능하다고 생각할 것이다. 그런데 이런 위험 요인 중 몇 가지에 해당되는데도 여전히 행복하게 지내며 번아웃 증후군을 겪지 않는 부모들도 많다. 이 현상을 어떻게 설명할 것인가?

우리 인간은 각자 다 다르다는 점을 생각하자. 첫째, 우리는 스트레스 앞에서 동일한 저항력을 갖고 있지 않다. 스트레스를 정면 돌파하는 사람이 있는가 하면, 과도한 압박감에 시달리며 어찌할 바를 모르는 사람도 있다. 개인 간의 이러한 차이는 어디서 오는 걸까?

　우리 뇌는 스트레스 관리에서 핵심적 역할을 한다. 생존이 달린 문제이므로 인간은 스트레스를 유발하는 사건과 맞닥뜨리면 즉각 반사적인 반응을 보인다. 즉, 회피하거나 소리를 지르거나 반항하는 등 반감을 드러내든지, 방어적인 행동을 하든지 둘 중 하나다. 뇌에는 스트레스가 들어오면 이를 해석하고 그에 대한 적절한 반응을 만들어내는 부위가 있는데, 누구나 이 부위가 월등하게 발달한 것은 아니다. 유전적 자산은 우리 뇌의 구성을 일부 결정하므로, 이 부위의 기능에도 유전적 요소가 영향을 미친다. 어떤 이는 뇌의 부위가 특별히 민감하게 반응하는 반면 어떤 이는 민감하지 않은 것도 그런 이유다.

　또한 어린 시절부터 지금까지 쌓아온 인생의 경험들도 이 부위의 발달에 영향을 미친다. 어린 시절 스트레스를 유발하는 경험에 연속적으로 노출된 사람은 스트레스 상황이 오면 특히 격앙된 반응을 보인다. 반대로 평온한 환경에서 자란 사람은 스트레스를 만나도 이에 대해 동요가 적다. 유전자와 인생 이력이 교차되는 지점에서 스트레스 상황에 대한 각자의 저항력이 결정되는 것이다.

　둘째, 성격과 살아온 이력에 따라 같은 위험 요인에 노출되더라도 스트레스를 받는 정도가 다르다. 예를 들면, 어떤 이는 부부 관계에서 갈등을 겪을 때 특히 힘들어하고, 어떤 이는 경제적으로 곤궁할 때 힘들어한다. 반면, 사회적 지원이 전혀 없어도 아이와 긴장된 관계를 유지하며 강인하게 버티는 사람도 있다. 타인과의 관계를 중요시하는 굉장히 외향적인 사람을 상상해보자. 그는 과거 몇 년이나 부모와 갈등을 겪었다. 부모가 한바탕 문제를 겪은 후 결국 이혼하자, 부모가 교대로 그를 양육하는 힘든 시간이 시작되었다. 그가 이후에 배우자와 문제를 겪을 확률은 상당히 높다. 반면 그가 경제적으로는 어려움 없이 자랐다면 수입이 없는 상황에서 덜 힘들어할 수도 있다.

한편 어떤 사람은 부모가 매달 정산을 할 때 100원짜리 하나에도 벌벌 떠는 환경에서 자랐다. 이 사람은 미래에 대한 불확실성을 두려워하는 성격으로 자란다. 성인이 된 후 그는 미리 예측하고 절약하고 장기 계획을 세운다. 그는 소득이 감소하거나 손실을 보는 상황에 있을 때, 가까운 이와 관계가 멀어지거나 부부 관계 갈등을 겪을 때보다 훨씬 스트레스를 받을 것이다.

인생에는 안정을 위협하는 위험 요인(스트레스 요인)과 더불어, 심리적인 힘을 불어넣는 보호 요인(내적·외적 자원)이 있기 마련이다. 보호 요인이 어느 정도 안정된 균형을(혹은 불안정한 균형이라도) 이루면 위험 요인의 결과가 상쇄된다. 실제로 인생에는 우리를 힘들게 하는 위험 요인만 있지 않다. 인생에는 크고 작은 일상의 행복이 있다. 예를 들어 뜻하지 않은 좋은 일, 운이 따르는 날, 기쁨을 주는 관계, 기분 좋아지는 활동, 미소를 주고받는 경험, 가족이나 친구와 함께하는 기념일 저녁, 아이의 행복, 부모가 되는 일의 자랑스러움이 존재한다.

우리를 부모 번아웃에서 보호해주는 것은 위험 요인과 보호 요인 사이의 균형이다. 위험 요인이 유발한 스트레스가 보호 요인 덕에 상쇄되면 부모는 안정적 균형을 경험한다. 보호 요인이 많아져 위험 요인을 상회할수록 부모의 만족도는 올라간다. 반면 부모와 연관된 위험 요인이 보호 요인에 비해 월등히 많아 상쇄되지 않으면 부모 번아웃 위험도가 증가한다. 부모의 스트레스를 상쇄할 중요한 보호 요인, 즉 내적·외적 자원의 예를 열거해보겠다.

- 자신이 아이를 충분히 보살필 수 있는 것
- 부모 두 사람이 적합한 주거지에서 함께 아이를 기르는 것
- 아이의 재능을 충분히 고려하여 양육하는 것
- 자신의 능력을 펼칠 일에 종사하는 것
- 아이와 부모 모두 신체적·정신적으로 건강한 것
- 정서적으로 안정되어 부모 자신의 감정과 아이의 감정을 인식하고 관리할 수 있는 것
- 부모가 어린 시절에 애정과 안전함을 느끼는 환경에서 자란 것
- 자신이 불완전한 부모임을 받아들이는 것
- 아이에게 일관되고 너그러운 교육을 실천하는 것
- 배우자와 잘 맞고 긍정적인 부모 역할을 함께 감당하는 것
- 가정의 차원에서 질서가 잡힌 것(안정적이고 반복적인 루틴이 있는 것)

- 아이의 욕구와 부부의 욕구, 부모 개인의 욕구 사이에 시간 배분을 적절히 하는 것
- 외부 지원(조부모, 친구, 공적 서비스 등)을 받는 것

부모 번아웃은 개인적 사정에서 자유로울 수 없다. 번아웃에 빠지는 데는 부모 각자의 사정이 존재한다. 자신의 성격, 개인적 삶의 이력(부모 자신의 부모와 맺은 관계 포함), 아이를 키우는 환경, 아이의 고유한 기질은 부모 번아웃을 심화시키거나, 반대로 피해갈 수 있게 만든다. 바로 이런 이유에서 번아웃에 빠진 부모를 너무 엄격한 눈으로 보거나, 번아웃을 경험하지 않은 부모를 떠받드는 분위기를 경계해야 한다.

위험 요인은 우리도 모르게 쌓인다

부모 번아웃은 이런 위험 요인에 의해, 위험 요인을 상쇄할 만한 보호 요인이 없는 부모의 삶에 찾아든다. 위험 요인은 '단순한' 덧셈 이론에 따라 일정 기간 내면에 누적된다. 이렇게 쌓인 요인이 많아지면 우리는 번아웃에 발을 담그게 된다. 실제로 중요한 것은 위험 요인의 특징보다는 그 총합이다. 우리가 번아웃에 손을 쓸 수 없는 이유는 위험 요인이 셀 수 없이 많기 때문이다. 부모 번아웃과 스트

레스를 유발하는 요소는 다양하며, 부모는 동시에 그리고 장기간에 걸쳐 이에 대처해야 한다. 이러한 상황에서는 절대적 영향력이 없는 위험 요인이라도(예를 들면 열악한 주거지에서 아이 양육하기 등) 부모 역할의 균형을 무너뜨릴 수 있다. 위험 요인이 누적되어 발생한 스트레스 앞에서 우리를 지지하는 각종 보호 요인은 힘을 쓰지 못한다.

위험 요인과 보호 요인 간 균형을 이루는 능력은 부모마다 다르지만, 번아웃에 빠지는 원리는 결국 모두 같다. 바로 과도한 스트레스에 대처할 만한 충분한 보호 요인 없이 오랜 시간을 버티는 것이다.

앞에서 부모 번아웃이 발생하는 데 위험 요인의 특징보다 그 총합이 중요하다고 했지만, 그렇다고 위험 요인의 특징이 아무 영향도 미치지 않는 것은 아니다. 실제로 위험 요인은 그것이 지엽적 문제인지(부모와 직접 연관은 없고, 간접적 영향을 받는 경우) 혹은 핵심적 문제인지(부모와 직접 관련이 있는 경우)에 따라 서로 다르다. 예를 들어 가족이 열악한 주거지에 사는 문제는 부모의 완벽주의적 성격(부모와 직접적 연관이 있다)에 비하면 지엽적인 위험이다. 일반적으로 인구사회학적 요인 및 상황적 요인은 개인적 위험·교육적 위험·가정적 위험에 비해 부모 번아웃에 영향을 덜 미친다고 한다. 그러나 지엽적 위험은 간접적인 방식으로 부모에게 영향을 미친다. 예를 들어 경제적으로 우려할 만한 상황이 되면 부부 갈등이 발생할 수 있다. 그리고 부부 갈등은 직접적 방식으로 부모 번아웃에 빠질 위험성을 높인다.

인구사회학적 요인 및 상황적 요인보다, 개인적·교육적·가정적 요인이 훨씬 큰 영향을 미친다는 사실은 사람들의 예상을 벗어나는 것처럼 보인다(흔히 아이를 많이 둔 부모 혹은 어린 나이의 아이를 키우는 부모가 특히 부모 번아웃에 취약하다고 생각하는데, 그 위험은 다소 과대평가되었다). 하지만 오히려 이 편이 낫다. 왜냐하면 실제로 인구사회학적 위험 요인은 수정 불가하며(아이 수를 줄일 수는 없는 노릇이다), 상황적 위험 요인도 바꿀 수 없다(예를 들어 아이의 만성 질병을 갑자기 치료할 수 없다). 반면, 개인적 관점에서 우리는 주변의 부모를 도울 수 있다(부모의 완벽주의적 성향을 줄이거나, 부모가 자기 감정을 더 잘 절제하도록 만들 수 있다). 교육적 관점(예를 들어 더 일관된 태도로 아이들을 대하도록 노력한다)과 가정적 관점(가정 내 루틴을 만들거나, 부모 두 사람의 역할을 점검하여 삶의 질을 높인다)에서 부모를 지원할 수 있다.

끝으로 부모 번아웃이 발생하는 메커니즘을 그림 7-1로 정리하였다. 다음 장에서는 이 도식을 활용하여, 개인이 현재 어떤 상황에 있는지 파악하고, 부모 번아웃에서 빠져나오기 위한 첫 번째 과정이 무엇인지 살펴볼 것이다.

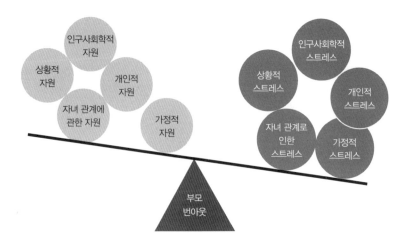

그림 7-1 부모 번아웃이 발생하는 메커니즘

2부

부모 번아웃 솔루션

8장

현재 나의 상황
살펴보기

번아웃 증후군에 이미 빠진 상황이든 번아웃 직전이든, 자신의 위험 요인과 보호 요인을 명확히 파악하는 것은 큰 도움이 된다. 현재 상황을 직시한다는 말은 그림 7-1에서 확인한 것처럼, 부모 역할을 힘들게 만드는 위험 요인과 도와주는 보호 요인 간에 부모 역할의 균형점이 어느 쪽으로 기울어 있는지 살펴보고, 균형이 흔들리지 않도록 지켜보는 일을 말한다. 모범적인 사례를 보면 균형점이 보호 요인 쪽으로 확연히 기울어져 있다. 하지만 인생의 가장 힘든 시기에는 균형점이 위험 요인 쪽으로 눈에 띄게 기울게 된다.

이때 부모 역할의 균형을 무너뜨린 원인을 파악하는 것이 가장 핵심적인 단계다. 이 단계에서는 제거할 수 있는 위험은 무엇이고, 부담을 줄일 수 있는 것은 무엇인지(모든 위험 요인을 피할 수는 없으므로) 시각적으로 파악할 수 있다. 한편으로는 자신에게 필요한 지원이나 보호를 외부에 청할 수 있는 단계이기도 하다.

사례: 현재 상황에서 균형점 찾기

홀로 두 아이를 키우는 쥘리의 경우를 보자. 그의 남편은 둘째가 태어나고 얼마 안 있어 떠났다. 임시직으로 일하는 쥘리는 늘 경제적으로 어렵다. 초등학생인 첫째 아이는 수업을 잘 따라가지 못한다. 매일 아이의 숙제를 도와주어야 하는데 쥘리 자신도 학교를 제대로 다니지 못했기 때문에 아들의 공부를 봐주는 일이 역부족이라고 느낀다. 함께 숙제를 하는 동안 아이와 쥘리는 늘 신경이 날카로워진다. 가사와 육아를 분담할 사람이 없으니 쥘리는 쉴 여유를 갖지 못한다. 임시직이라 업무 시간표는 늘 변동이 심하고 혼자 가사를 전담하느라 파김치가 된다. 수입도 비정기적으로 들어오므로 쥘리는 아이의 공부를 도와줄 과외 선생님을 고용하거나 아이를 학원에 등록시킬 수도 없다.

하지만 쥘리는 의지력과 끈기가 강한 편이다. 어려운 상황에서도 웃음을 잃지 않으려고 노력한다. 아이들을 열정적이고 온화하게 대하는 태도가 몸에 배어 있어 가족의 분위기는 늘 따뜻하다. 둘째 아이도 학교에 입학했는데 수업을 따라가는 건 힘들어하지만 형처럼 낙천적이고 열정적이며 성실하다. 쥘리네 가족이 사는 동네에는 주로 퇴직한 노년층이 거주한다. 쥘리의 친정 부모님도 근처에 살면서 함께 잘 지내고 있다.

쥘리의 상황은 아래와 같은 방식으로 정리할 수 있다.

〈지엽적 위험 요인〉
한부모가족 + 낮은 교육 수준 + 불안정하고 낮은 수입 + 협소한 주거지 + 동네 환경
+ 임시직이라서 늘 유동적인 업무 시간

↓

〈핵심 위험 요인〉
남편의 지원 전무 + 아이의 학습장애

↓

부모 번아웃

↑

〈핵심 보호 요인〉
의지가 강하고 낙천적인 쥘리의 성격 + 따뜻하고 열정적인 가정교육
+ 성실하고 긍정적인 아이들

↑

〈지엽적 보호 요인〉
동네 환경 + 근처에 친정 부모가 살고 있음 + 친정 부모와 좋은 관계 유지

그림 8-1 육아 상황 분석 대차대조표

위의 그림 8-1은 다양한 사실을 보여준다. 우선 번아웃을 일으킬 만한 위험 요인들이 긍정적 자원 덕분에 부분적으로 상쇄되었다. 한부모가족, 낮은 교육 수준, 불안정한 일자리 등 쥘리의 위험 요인은 꽤 많다. 집은 비좁고, 변동이 많은 근무 시간은 늘 조율이 필요하다. 배우자의 지원 없이 홀로 아이를 키우는 쥘리는 늘 복잡한 상황에 처한다. 또 아이들은 학습장애도 겪고 있다. 대신 쥘리의 성격적 특징이 힘든 상황을 보완해준다. 그는 긍정적인 교육관에 따라(비일관성이나 강압성, 점진적 분노 표출을 보이지 않음) 아이들을 훈육하고, 아이들은 즐겁게 지낸다. 또한 친정 부모와 우호적인 관계를 맺고 있어 필요한 경우 도움을 받는다.

한편 그림 8-1에서 일부 요인이 애매모호함을 확인할 수 있다. '동네 환경'이라는 요인을 어느 한쪽으로 규정할 수 없기 때문이다. 쥘리의 동네는 은퇴한 어르신들이 주로 사는 동네다. 이는 쥘리가 부모로서 사회적 지원을 받지 못할 경우 위험 요인으로 분류된다. 다른 젊은 학부모들과의 교류가 없어 고민 상담을 할 수 없고, 아이들 역시 동네에서 함께 놀 친구가 없기 때문이다. 반면 이 환경 요인은 잠재적 외적 자원이 될 수도 있다. 실제로 주변에 점잖은 어르신, 함께 시간을 보낼 수 있는 여유로운 어른이 곁에 있는 것은 기회가 되기 때문이다.

본인이 처한 상황에서 어떤 요소가 위험 요인에 해당하는지 알아보기 위해서는, 현 상황을 분석하는 대차대조표를 작성해 부모 역할의 균형을 망가뜨리는 것이 무엇인지 살펴보아야 한다. '무엇을 해야 하지?'라는 질문에 답하는 과정을 통해, 제거 가능한 위험 요인과 부담을 줄일 수 있는 위험 요인을 확인하고, 외부에 도움이나 지원을 요청할 수 있다.

앞서 살펴본 예에서 엄마인 쥘리에게는 수많은 가능성이 있다. 단, 쥘리의 경우 위험 요인을 줄이는 것은 어려워 보인다. 더 좋은 일자리를 찾아 경제적으로 윤택해지는 상황을 기대할 수는 있으나 바로 실현되기는 힘들다(장기적으로 보면, 안정적인 일자리를 얻기 위한 재교육이나 훈련을 받는다면 좋은 기회를 얻을 가능성도 있다). 남편의 도움을 받지 못한다는 점이나 아이들이 학습장애가 있다는 점을 바꿀 수는 없다. 그보다는 긍정적인 자원을 다지는 편이 더 쉬워 보인다. 우선, 아이들을 정서적으로 지지해주어야 한다. 아이들이 스스로 문제를 해결하려 할 때 자발적인 태도를 칭찬해준다. 또한 아이들 앞에서 늘 미소를 띠고 밝은 얼굴로 반겨주려고 노력하는 것도 중요하다. 상황이 힘들어질수록 우리는 이미 가진 것들은 잊고 잘되지 않는 일에만 집중하는 경향이 있다. 그래서 아이들이 대견한 일을 했을 때 얼마나 멋진 일을 해냈는지 칭찬해주는 걸 잊어버리기도 한다.

쥘리는 이미 가진 자원을 활용할 수도 있다. 힘든 일이 있을 때 친정 부모에게 도와달라고 하거나, 아이들 공부를 도와주는 시간과 근무시간이 겹칠 때 주변에 도움을 요청할 수도 있다. 그 외에도 아이들과 애정으로 충만한 시간을 보내는 일도 놓치지 말아야 한다. 쥘리는 평소에도 아이들을 따뜻하고 열정적으로 대하기는 하지만, 함께 산책하거나 아이들이 좋아하는 활동을 함께함으로써 아이들과의 긍정적 유대 관계를 더욱 집중해서 다지는 것이 좋다.

마지막으로, 쥘리 자신을 지원해줄 새로운 자원을 찾아 나설 필요도 있다. 육아 상황 분석 대차대조표에서 위험 요인이 누적되기 전에 보호 요인을 보완해 균형을 맞추기 위해서이다. 이를 위해 창의적이고 과감한 행동을 해야 한다. 예를 들어, 쥘리는 동네에 있는 인적자원을 활용할 수 있다. 동네 어르신 중에 학습장애를 겪는 아이의 공부를 도와줄 수 있는 퇴직 교사가 있는지 찾아볼 수도 있을 것이다. 같은 동네에 사는 친정 부모의 이웃 가운데 도움을 요청할 수도 있다. 건물 로비나 동네 상점에 자원봉사자를 찾는 다음과 같은 전단지를 붙일 수도 있다. "저는 캉탱이라고 합니다. 이 동네에 사는 귀여운 8살 꼬마랍니다. 방과 후 제 공부를 도와줄 은퇴한 할아버지·할머니 선생님을 찾습니다." 아이의 학업에 도움을 받는 것 외에도, 이런 노력은 결국 쥘리에게 득이 될 것이다. 앞서 살펴본 바와 같이 부모 역할을 감당하는 쥘리에게 사회적 네트워크는 큰 도움이 되기 때문이다.

나를 힘들게 만드는 요인 vs 도와주는 요인

엄마 혹은 아빠로서 당신의 개인적 상태를 진단할 수 있는 간단한 테스트를 준비했다. 테스트는 부모인 당신의 삶에 등장한 위험 요인과 보호 요인의 두 축으로 구성되어 있으며, 우리의 연구에서 찾아낸 부모 번아웃에 지대한 영향을 행사하는 요인을(위험 요인과 보호 요인 모두) 활용하여 질문 리스트로 만들었다. 테스트 전반부는 40가지 질문 리스트를 구성된다. 후반부에는 결과의 오차를 줄이기 위한 설명이 들어 있다.

이제 40가지 문항의 점수를 매겨보기 바란다. 표의 왼쪽(위험 요인)에 전적으로 해당할 경우 −5에 표시하라. 어느 정도 해당한다면 동의하는 정도에 따라 −1, −2, −3, −4에 표시하기 바란다. 표의 오른쪽(보호 요인)에 전적으로 해당할 경우 5에 표시하고, 동의하는 정도에 따라 1, 2, 3, 4에 표시하기 바란다. 어느 쪽에도 해당되지 않는다고 판단할 경우 0에 표시하면 된다.

가정과 회사 업무를 수월하게 조율할 수 있다.	5	4	3	2	1	0	-1	-2	-3	-4	-5	가정과 회사 업무를 조율하는 데 어려움을 느낀다.
부모로서의 책임감과 별개로, 나 자신을 위한 시간을 적절히 갖고 있다.	5	4	3	2	1	0	-1	-2	-3	-4	-5	부모로서의 책임감 때문에 자신을 위한 시간을 전혀 갖지 못한다.
가정상 여유가 있는 타입이다.	5	4	3	2	1	0	-1	-2	-3	-4	-5	가정상 스트레스를 잘 받는 타입이다.
좋은 부모가 될 만한 능력이 있다고 생각한다(예: 아이가 부모인 내 말을 잘 듣는 편이다, 아이가 학교에서 잘 적응하도록 도울 수 있다, 아이와 잘 놀아주는 법을 알고 있다).	5	4	3	2	1	0	-1	-2	-3	-4	-5	좋은 부모 역할을 감당할 만한 능력이 없다고 느낀다(예: 아이가 내 말을 듣게 만들지 못한다, 아이가 학교생활을 잘할 수 있도록 어떻게 도와야 할지 모르겠다, 아이와 놀아주는 법을 모르겠다).
스스로를 너무 엄격하지 않도록 주의한다(내가 저지른 실수를 너그럽게 받아들인다, 다른 이들의 의견이 흥미롭다고 생각하지만 그것이 나를 위협하는 정도는 아니다.)	5	4	3	2	1	0	-1	-2	-3	-4	-5	완벽주의 성향이 있다(스스로에게 엄벌을 주는 편이다. 혹은 다른 사람이 나를 어떻게 볼지 두려워한다).
부모 역할에 적절한 기준을 갖고 있다(최선을 다하기는 하겠지만, 내 한계를 수용하면서 할 수 있는 만큼만 한다).	5	4	3	2	1	0	-1	-2	-3	-4	-5	부모 역할에 높은 기준을 갖고 있다(완벽한 부모가 되려고 노력한다).
아이와 긍정적인 시간을 많이 보낸다(함께 재미있는 활동을 많이 한다).	5	4	3	2	1	0	-1	-2	-3	-4	-5	아이와 긍정적인 시간을 보내지 못한다(아이와 노는 것에 흥미를 느끼지 못하거나, 내가 함께하자고 제안한 활동을 아이가 재미없어 한다).

아이와 그때그때 이야기를 나눈다(아이가 부모에게 하루 일과를 이야기하거나, 고민 상담을 하거나, 어떤 주제에 대해 의견이나 관점을 부모와 교환한다).	5	4	3	2	1	0	-1	-2	-3	-4	-5	아이와 이야기 나누는 시간이 전혀 없다(아이가 부모에게 하루 일과를 이야기하거나, 어떤 주제에 대해 의견이나 관점을 부모와 교환하는 시간이 없다).
아이에게 할 수 있는 한 자율적으로 행동하라고 격려한다(숙제, 옷 입는 스타일, 아이가 외출할 때 먼고 입기, 옷도 관리하기, 어떤 문제는 혼자 해결하도록 하기 등).	5	4	3	2	1	0	-1	-2	-3	-4	-5	아이에게 자율적으로 행동하라고 요구하지 않는다(아이들을 피하거나 쉬운 길로 가려고 아이 대신 문제를 해결해준다).
아이에게 안 되는 건 안 된다고 말한다(부모인 나도 한계가 있고 고유한 욕구가 있다는 걸 아이에게 표현한다, 아이에게도 한계를 일러준다, 아이의 요청을 거절할 줄도 안다).	5	4	3	2	1	0	-1	-2	-3	-4	-5	아이가 원하는 건 무조건 한다(아이의 놀이에 억지로 함께한다, 아이의 요청은 언제나 다 받아준다, 내가 요청을 거절하면 아이가 좌절할까 봐 두렵다).
내 욕구, 혹은 나에게 맞지 않는 것을 드러내 표현하는 데 어려움이 별로 없다.	5	4	3	2	1	0	-1	-2	-3	-4	-5	내 욕구, 혹은 나에게 맞지 않는 것이 있을 때 그걸 표현하는 것이 어렵다.
나는 내 감정을 표현할 수 있고 그것 때문에 주변 사람이 상처를 입지는 않는다.	5	4	3	2	1	0	-1	-2	-3	-4	-5	내가 감정을 표현하면 주변 사람들이 상처를 입는다.
나는 감정 표현을 쉽게 하는 편이다.	5	4	3	2	1	0	-1	-2	-3	-4	-5	나는 감정을 표현하는 걸 힘들어하는 사람이다.
감정을 잘 제어하는 편이다(화가 나면 조용히 이를 표현한다, 슬픔에 잠겼다가도 다시 기력을 찾는 방법을 안다).	5	4	3	2	1	0	-1	-2	-3	-4	-5	내 감정을 잘 제어하지 못하는 편이다(화가 나면 복받친다, 슬플 때 기력을 되찾는 게 힘들다).

기질상, 부정적 감정을 거의 안 느끼는 편이다.	5	4	3	2	1	0	-1	-2	-3	-4	-5	기질상, 부정적 감정을 많이 느끼는 편이다.
내 인생에 일어난 일들은 내 선택, 내 결정에 따른 것이라고 생각한다.	5	4	3	2	1	0	-1	-2	-3	-4	-5	내 인생에 일어난 일들은 우연에 의해 혹은 다른 사람의 결정에 의한 것이라고 생각한다.
친구나 가족이 내가 그들을 좋아하는 것만큼 나를 좋아한다고 생각한다.	5	4	3	2	1	0	-1	-2	-3	-4	-5	친구나 가족이 내가 그들을 좋아하는 것보다 나를 좋아하지 않을까 봐 두렵다.
가까운 이들과 친밀한 관계를 유지하는 것이 쉽다(내 마음을 그들에게 잘 털어놓는다. 그들을 지지한다는 걸 알려주기 위해 안아주기도 한다).	5	4	3	2	1	0	-1	-2	-3	-4	-5	가까운 이들과 친밀한 관계를 맺는 게 나로서는 어렵다(그들에게 내 속내를 털어놓지 못한다. 그들을 보듬어 안아주지 못한다).
나는 아이 문제가 생겼을 때 가까운 사람 혹은 친구들에게 구체적으로 도움을 요청한다(아이를 돌봐달라고 한다).	5	4	3	2	1	0	-1	-2	-3	-4	-5	나는 아이 문제가 생겼을 때 가까운 사람 혹은 친구들에게 구체적으로 도움을 요청한 적이 없다(아이를 돌봐달라고 부득이치 못한다).
나는 아이 문제로 힘든 일이 생기면 친구나 가까운 이에게 이에 대해 이야기한다(나는 이 이야기를 털어놓고 그들은 가능한 경우 내 이야기를 들어준다).	5	4	3	2	1	0	-1	-2	-3	-4	-5	나는 아이 문제로 힘든 일이 생기면 친구나 가까운 사람에게 털어놓지 못한다(한 번도 그런 얘길 해본 적이 없고, 그들과 이야기할 용기도 없고, 그들은 시간이 안 날 것이기 때문이다).

긍정 문항	5	4	3	2	1	0	-1	-2	-3	-4	-5	부정 문항
아이를 위한 일을 처리할 시간이 있다.	5	4	3	2	1	0	-1	-2	-3	-4	-5	아이를 챙기려면 해야 할 일이 너무 많아서 그걸 다 할 시간이 부족하다.
우리 아이는 늘 나를 찾기는 하지만 그래도 나는 다른 일을 할 시간이 있다(만일 내가 아이가 장애가 있거나 심각한 병을 앓고 있다면, 그들을 돌보고 관심을 기울여야 하지만 다른 일을 할 시간을 낼 수 있다).	5	4	3	2	1	0	-1	-2	-3	-4	-5	우리 아이는 쉬지 않고 나를 찾기 때문에 내 시간이라고는 1분도 내기 어렵다(만일 아이가 장애가 있거나 심각한 병을 앓고 있 다면, 끊임없이 그들을 돌보고 관심을 주어 야 한다).
아이를 돌보기 위한 시간이 있다.	5	4	3	2	1	0	-1	-2	-3	-4	-5	아이를 돌보기 위한 시간이 부족하다.
배우자와 나는 아이를 교육하는 방식에 있 어서 전적으로 같은 의견을 갖고 있다.	5	4	3	2	1	0	-1	-2	-3	-4	-5	배우자와 나는 아이를 교육하는 방식에 있 어 의견 일치를 이루지 못한다.
배우자는 내가 좋은 아버지/어머니라고 인 정한다.	5	4	3	2	1	0	-1	-2	-3	-4	-5	배우자는 아버지/어머니로서의 나를 무시 한다.
배우자는 아이를 돌보는 나를 많이 도와준 다(배우자는 아이를 많은 시간 돌본다. 나는 배우자에게 기댈 수 있다).	5	4	3	2	1	0	-1	-2	-3	-4	-5	배우자는 아이를 돌보는 나를 전혀 도와 주지 않는다(배우자는 아이를 돌보지 않는 다. 나 혼자 아이를 돌보고 있다는 생각이 든다).
배우자는 내가 부모로서 고민할 때 늘 잘 들어준다.	5	4	3	2	1	0	-1	-2	-3	-4	-5	배우자는 내가 부모로서 걱정하는 이야기를 전혀 듣지 않는다.
부부 관계에 매우 만족하는 편이다.	5	4	3	2	1	0	-1	-2	-3	-4	-5	부부 관계가 만족스럽지 않다.

배우자와 거의 다투지 않는다.	5	4	3	2	1	0	-1	-2	-3	-4	-5	배우자와 꽤 자주 다툰다.
집이 정돈되어 있다(정리가 잘 되어 있어 모든 게 제자리에 있고 물건을 위한 원래 자리가 있다).	5	4	3	2	1	0	-1	-2	-3	-4	-5	집이 동물원 수준으로 어질러져 있다(엉망진창으로 어질러져 물건을 찾기 힘들다).
우리 가족은 체계가 잘 잡혀 있다(반복적으로 하는 루틴이 있다, 모든 게 계획에 따라 진행된다, 일이 잘 굴러가려면 뭘 해야 하는지 가족 각자가 알고 있다).	5	4	3	2	1	0	-1	-2	-3	-4	-5	우리 가족은 체계라는 게 없다(반복적인 루틴이 없다, 우리 가족은 언제나 지각한다, 계획을 세워 하는 일이 없다).
아이와 거의 충돌하지 않는다.	5	4	3	2	1	0	-1	-2	-3	-4	-5	아이와 충돌하는 일이 빈번하다.
내가 부모 역할을 하는 게 중요하긴 하지만 다른 일들도 중요하다(내 일, 여가 등).	5	4	3	2	1	0	-1	-2	-3	-4	-5	나는 부모 역할에 과도하게 신경을 쓰고 있다.
배우자도 부모 역할을 감당하는 데 신경을 많이 쓰고 있다.	5	4	3	2	1	0	-1	-2	-3	-4	-5	배우자는 부모 역할에 거의 신경을 쓰지 않는다.
아이에게 기울이는 노력에 보상받고 있다고 느낀다(배우자와 아이는 내가 그들을 위해 하는 일을 중요하게 생각한다, 자주 고맙다는 말을 해준다).	5	4	3	2	1	0	-1	-2	-3	-4	-5	아이에게 내가 쏟는 노력에 대해 보상받지 못한다고 느낀다(배우자와 아이는 내가 그들을 위해 하는 일을 중요하게 여기지 않으며, 고마워하지도 않는다).
교육을 바라보는 내 관점은 우리 아이를 돌보는 다른 사람들(선생님, 도우미, 조부모, 전 배우자)의 관점과 비슷하다.	5	4	3	2	1	0	-1	-2	-3	-4	-5	교육을 바라보는 내 관점은 우리 아이를 돌보는 다른 사람들(선생님, 도우미, 조부모, 전 배우자)의 관점과 완전히 다르다.

	-5	-4	-3	-2	-1	0	1	2	3	4	5	
나를 위한 시간이 필요할 때 배우자에게 이를 말이달라고 할 수 없다.	-5	-4	-3	-2	-1	0	1	2	3	4	5	나를 위한 시간이 필요할 때 나는 항상 배우자에게 아이를 말이달라고 한다.
나는 비관주의적 기분을 갖고 있다.	-5	-4	-3	-2	-1	0	1	2	3	4	5	나는 낙관주의적 기분을 갖고 있다.
배우자는 부모 역할을 하는 나에게 스트레스를 준다(배우자가 함께 있을 때 아이를 다루는 것이 훨씬 힘들다).	-5	-4	-3	-2	-1	0	1	2	3	4	5	배우자는 부모 역할을 하는 나를 격려해준다(배우자가 함께 있을 때 아이를 다루는 것이 훨씬 쉽다).
아이들이 매일같이 다툰다(말다툼을 하고, 소리를 지르고, 서로에게 욕을 한다).	-5	-4	-3	-2	-1	0	1	2	3	4	5	아이들이 거의 다투지 않는다(말다툼을 하거나 소리를 지르거나 서로에게 욕설을 퍼붓지 않는다).

표 8-1 현재 나의 상태 진단 테스트

'배우자(파트너)'라는 단어는 결혼 여부와 상관 없이 당신의 인생을 공유하는 사람을 가리킨다(혈연으로 맺어진 부모와 아이 관계가 아닐지라도 그렇다). 만일 당신이 아이의 아버지 혹은 어머니와 이혼한 상태라서 현재 부부 관계를 유지하고 있지 않다면, '배우자'는 당신의 전 배우자를 가리킨다. 처음부터 한부모가족을 꾸린 사람이라면, 배우자와 관련된 항목에는 '0'에 표시하면 된다.

테스트를 완료한 후 점수를 합산해보기 바란다.

1단계 테스트에서 당신의 총점은 (   )점이다.

보호 요인보다 위험 요인이 훨씬 더 많다면(혹은 위험 요인에 훨씬 짓눌리고 있다면), 아마 마이너스 점수가 나왔을 것이다. 반대로 보호 요인이 훨씬 우세하다면(보호 요인이 훨씬 많다면) 플러스 점수가 나왔을 것이다. 이 두 요인이 비등비등하다면 합산 점수는 0이 될 것이다. 1부에서 나올 수 있는 최대 마이너스 점수는 −200점이며, 최대 플러스 점수는 +200점이다. 우리의 연구에 따르면, 부모 대부분은 플러스 점수가 나온다. 평균 점수는 53점이며, 대개 0점에서 100점 사이다. 부모 가운데 아주 소수의 비율만이 마이너스 점수가 나온다. 당연히 이들은 번아웃 증후군에 몹시 취약한 사람들이다.

이 테스트에 포함되지 않은 위험 요인과 보호 요인이 있을 수 있다는 것을 감안하기 바란다. 앞의 7장에서 살펴본 바와 같이 사람마다 위험 요인을 받아들이는 기준이나 정도가 다르다는 것 역시 고려해야 한다.

2단계 테스트는 좀 더 정교한 결과를 얻기 위한 것이다. 당신은 위험 요인이나 보호 요인을 몇 가지 추가하거나, 각 요인이 끼친 영향력이 어느 정도인지 가늠하여 점수를 다시 매길 수 있다.

당신은 최대 20점을 위험 요인 및 보호 요인에 추가할 수 있다. 예를 들어 자녀가 입원했다면, 당신은 '위험 요인'에 10점을 더할 수 있다(다시 말해 총점에서 10점을 감할 수 있다). 만일 부부 간 갈등이 심해 그 영향을 크게 받고 있다면, 위험 요인에 추가로 5점을 더할 수 있다. 반대로, 당신의 어머니가 일상적인 지원을 해주고 있다면, '보호 요인'에 8점을 더할 수 있으며(총점에 8점이 더해진다), 만일 가까이 사는 이웃이 주는 도움이 당신에게 매우 중요하다면, 보호 요인에 추가로 2점을 더할 수 있다. 이에 따라 총점에서 최대 20점을 더하거나 뺄 수 있다. 추가 점수가 주로 위험 요인 쪽에서 나온다면 최저 −220점이 되고, 보호 요인 쪽에서 나온다면 최고 220점이 되는 것이다. 2단계 테스트 산출 방법은 아래와 같다.

1단계 합산 점수

+ (   ) 점(보호 요인에 추가로 더한 것이 없다면 0을 넣어라)

− (   ) 점(위험 요인에 추가로 더한 것이 없다면 0을 넣어라)

= (   )

마이너스 점수가 나올수록 당신은 번아웃에 빠질 위험이 커진다. 플러스 점수가 나올수록 당신은 번아웃으로부터 안전하다. 현재로서는 몇 점부터 부모 번아웃에 빠질 수 있는지 '정확한' 수치를 결정하는 것은 불가능하다. 하지만 앞서 언급한 것처럼, 부모 번아웃이 오는 데 −220점까지 내려갈 필요는 없다. 연구 결과, 부모의 점수가 마이너스가 되면(즉, 위험 요인이 더는 보호 요인으로 상쇄되지 못할 때) 번아웃이 올 가능성이 올라간다.

이 테스트의 마지막에서, 당신은 총점을 놓고 이런저런 생각을 하게 될 것이다. '이 점수가 긍정적인 것인가? 그렇다면 몇 점까지가 괜찮은 건가? 몇 점까지가 부정적인 걸까? 점수가 0에 가깝다면?' 총점이 플러스에 가까울수록 번아웃 증후군의 위험은 떨어진다. 반대로 총점이 0 혹은 마이너스 점수에 가까울수록 번아웃 증후군의 위험도는 높아진다. 총점은 당신의 현 상황을 나타내는 것이며 언제든 바뀔 수 있다고 보아야 한다.

이 분석 결과를 좀 더 자세히 살펴보자.

총점이 53점 이상이면, 부모 번아웃이 올 위험도가 거의 없다고 봐야 한다. 당신을 둘러싼 보호 요인이 당신의 일상에 산재한 위험을 상쇄해주기 때문이다. 물론 이것은 현재 상황에 한한 것이며, 언제든 변할 수 있다. 당신이 사용할 수 있는 보호 요인을 잘 관리하는 것이 중요하다. 예를 들어, 동네의 자원을 활용하라. 회사에서 만난 사람들과 열심히 인맥을 쌓아라. 친구들을 만나고 그들이 당신에게 얼마나 중요한 사람인지 말해주어라. 시간을 내서 부모님을 방문하고, 그분들과 좋은 시간을 보내라. 배우자에게 그와 만난 것이 인생에서 가장 아름다운 인연이며 그와 함께 일상을 공유하는 것이 가장 큰 특권임을 알려주라. 당신이 그를 얼마만큼이나 좋은 아빠/엄마라고 생각하고 있는지 표현하라. 아이와 평범하지만 기분 좋은 순간을 보내고 그들과 놀아주라. 아이에게 당신이 그를 자랑스러워하고 있다고, 진심으로 사랑하고 있다고 말해주라. 환경과 가정생활을 안정적으로 유지하라. 당신의 현재를 자랑스럽게 여기라.

만일 총점이 0점에서 53점 사이라면, 이미 가지고 있는 보호 요인을 잘 관리하는 것이 어마어마한 힘이 된다. 앞 문단에서 일련의 예시를 살펴보았다. '신경 쓰는' 정도로는 안 된다. 주의 깊게 노력을 기울이고, 보호 요인을 늘리도록 해야 한다. 예를 들어, 아이들과 편안한 관계를 갖기 위해 노력하는 것도 좋지만, 그들과 공유하는 순간들이 얼마나 소중한지 직접 이야기해주는 것도 효과가 크다. 이를 통해 보호 요인의 긍정적인 영향이 증폭되기 때문이다. 단지 편안한 관계에 머물지 말고, 아이와 충만한 시간을 누리는 시간을 더 확보하고, 새로운 보호 요인을 모으도록 노력하라. 더불어 위험 요인으로 인해 흔들릴 때마다 이 위험 요인이 더 커지지 않도록 관리하라.

총점이 0에 가깝다면, 보호 요인을 가능한 늘리고, 위험 요인은 줄여야 한다. 예를 들어, 집에서 아이의 과제를 함께하는 시간이 가족의 스트레스가 극대화되는 순간이라면(아이가 저녁 5시 이후에 너무 피곤해하고, 당신도 직장에서 일에 지쳐 귀가했기 때문에) 아이에게 가능하면 학교에서 숙제를 마치라고 제안해보라. 그리고 나서 아이의 행동을 관심과 시간을 두고 몇 분간 지켜보라. 아이가 성취한 일을 칭찬해주어라. 당신이 얻은 결과표에 따라, 보호 요인을 늘리고 위험 요인을 줄이기 위한 맞춤형 조언을 다음 장에서 얻을 수 있을 것이다.

총점이 마이너스가 나왔다면 당신은 번아웃에 빠질 위험이 높다. 앞서 언급한 조언을 항상 염두하자. 즉 이미 보유한 보호 요인을 신경 써서 관리하고, 새로운 보호 요인을 확보하도록 노력하며, 위험 요인의 충격을 줄이는 방법을 당장 강구해야 한다. 보호 요인보다 위험 요인이 훨씬 많으면 한계에 다다른 기분을 느낄 것이다. 탈진을 경험하고, 일을 처리하는 능력이 떨어지고, 부모의 권위를 상실하는 등 번아웃 징후들이 나타날 것이다. 그리고 아마도 당신은 위에서 언급한 조언을 실천할 힘이 없을 것이다.

이런 경우를 위해 전문가(코치나 상담가)가 있는 것이다. 그들에게 바로 도움을 요청하라. 그들은 당신이 번아웃에서 빠져나올 수 있도록 돌파구를 마련하는 걸 도울 것이다. 당신이 우선순위에 집중하고, 다시금 마음을 회복할 수 있도록 도와줄 것이다. 필요한 경우, 상담 치료와 더불어 약물 치료를 병행해야 할 수도 있다. 즉, 상담사와 상담·이완 요법을 진행하고 집단 상담에 참여하거나 다양한 치료법을 병행하는 것을 의미한다. 상태가 심각할 경우, 부부 치료 혹은 가족 치료를 받는 것도 좋다.

이제 총점을 좀 더 면밀하게 분석해보자. 당신이 −5점이나 −4점에 체크한 항목이 무엇인가? 그 항목을 바로 당신의 주요한 번아웃 위험 요인으로 보면 된다. 다음 꼭지에 나올 기준에 해당한다면, 당신이 우선적으로 집중해야 하는 요인이 바로 그 항목이다.

이번에는 4점 혹은 5점에 체크한 항목은 무엇인지 살펴보자. 그것은 당신의 주요한 보호 요인이다. 이 요인을 통해 위험 요인이 상쇄되므로 이를 신경 써서 관리하는 것이 중요하다. 이번에는 2점이나 3점을 체크한 항목은 무엇인지 보자. 그것은 현 시점에서 더 키울 가능성이 있는 보호 요인이다.

이러한 보호 요인을 한데 모아보고 객관적으로 파악하는 시간은 무엇보다 중요하다. 왜냐하면, 우리는 상태가 좋지 않을 때 인생을 방해하는 것, 원활하게 진행되지 않는 것, 자신을 불행하게 만드는 것에만 집중하는 경향이 있기 때문이다. 자신을 둘러싼 보호 요인을 헤아려 보는 연습은 번아웃에서 빠져나가기 위한 첫걸음이다. '전부 다 최악은 아니야' 혹은 '더 나쁜 상황도 있잖아' 혹은 '더 나빠지지 않은 것만도 다행이야' 같은 긍정적 사고를 훈련해보자. 부모라는 역할을 감당하며 희생하는 것 이상으로 인생이 우리에게 가져다주는 풍성함을 경험할 것이다.

번아웃 대처의 첫 단추: 우선순위에 집중하기

다음 장에서는 부모 번아웃에서 빠져나오거나, 번아웃을 예방하기 위한 몇 가지 구체적인 방법을 제안할 것이다. 앞의 테스트에서 총점이 0점에 가깝거나 마이너스 점수를 받은 경우 이 책의 조언을 훨씬 심각하게 받아들여야 한다. 그 전에 바로 "어디서부터 시작할 것인가?"라는 질문에 먼저 답해야 한다. 위험 요인과 보호 요인은 굉장히 다양하다는 것을 앞서 확인했다. 번아웃에 대처하기 위해서는 보호 요인을 세심하게 관리하거나 좀 더 확보하고, 더불어 위험 요인이 발생할 가능성을 줄이거나 위험 요인 자체를 가능한 한 줄이라고 제안했다. 하지만 위험 및 보호 요인이 너무 많은 경우, 어디서부터 어떻게 시작해야 할까? 가장 중요한 우선 과제를 어떻게 정할 것인가? 어디서부터 노력을 기울여야 할까?

모든 것을 동시에 처리하는 것은 현실적으로 불가능하다. 우리가 보유한 '시간과 에너지' 자원은 한정되어 있다는 걸 생각해야 한다. 여기서 우리의 목표는 너무 진을 빼지 않는 것이다. 수많은 요인을 동시에 검토하는 것보다, 신중히 고른 한정된 요인을 검토하는 편이 훨씬 효율적이다. 두세 가지 이상의 요인을 동시에 관리하지 않는 것도 중요하다.

부모가 일상에서 마주하는 위험 요인과 보호 요인 중 어느 것이 결정적 요인인지 선택할 수 있도록 참고 기준을 정리했다. 각 기준에 쥘리의 사례를 대입해 그의 선택이 어떻게 방향을 잡아나가는 지 보여주려 한다.

첫째, 바뀔 가능성이 높은 요인을 목표로 삼는 편이 좋다. 6장에서 설명한 위험 요인 및 보호 요인을 살펴보면 성격적 특성 같은 요인은 고정적인 반면, 정서적 유능성 요인은 충분히 변화 가능하다. 쥘리의 사례에서 한부모가족이라는 환경은 거의 변화하기 힘든 고정 요인이지만, 아이의 교육을 실천하는 방법은 가변적이다.

둘째, 어느 정도 통제 가능한 요인을 목표로 삼는 편이 좋다. 예를 들어 직장이 가정과 일의 조율을 중요하게 여기는 융통성 있는 조직이라면 업무 시간을 바꾸는 일이 가능할 것이다. 하지만 업무 시간을 바꿀 수 없는 회사도 많다. 바로 쥘리의 사례가 그러한데, 임시직은 실제로 직업소개소의 관리하에 있기 때문이다.

셋째, 부모 역할에 직접적으로 영향을 미치는 요인을 목표로 삼는 편이 좋다. 중심 요인이 지엽적 요인에 비해 부모 역할을 경험하는 방식에 더욱 큰 영향을 미친다. 예컨대, 이웃에 사는 사람들을 괜찮은 사람으로 채우려고 노력하는 것보다 부모가 협력적 육아를 하고, 특히 아이 교육에 관해 결정을 내릴 때 부모 두 사람의 의견을 잘 조율하는 것이 훨씬 효과적이다. 쥘리의 사례에서 언급했듯이 주거지 환경을 바꾸려고 노력하기보다는 아이의 학습 부진을 잘 관리하는 것이 훨씬 효과적이다.

넷째, 비용 대비 보상이 가장 크게 돌아오는 것을 우선 목표로 삼는다. 실제로 위험 및 보호 요인을 선택하고 실행하는 데도 일정한 비용이 든다. 예를 들어, 부부가 함께 더 많은 시간을 보내기로 결정하면 경제적 비용뿐 아니라 가정 조직을 관리하는 비용(베이비시터를 찾는 일, 아이를 맡길 필요가 있을 때 베이비시터에게 미리 알리는 일, 부부 두 사람이 다 만족할 만한 외출을 위해 함께 상의하는 일 등)도 들어간다. 그러므로 들인 비용이 어느 정도 보상으로 돌아오는 요인을 선택해야 한다. 우리가 인터뷰한 사례를 살펴보면, 부부를 위한 시간은 두 사람 모두에게 즐거움과 긴장 이완, 편안함과 정서적 안전감을 가져다준다. 만일 부부가 함께 보내는 시간에 배우자에게 불편함을 주거나 한 사람만 좋아하는 활동을 할 경우 비용 대비 보상이 떨어지며, 번아웃의 위험과 맞서려는 목표에서 멀어지게 된다.

쥘리의 사례에서 아이의 학습 부진과 남편의 부재를 비교해볼 때 비용 대비 보상은 전자가 훨씬 높다. 물론 쥘리는 아이 아버지가 가정에 신경 쓰도록 편지를 보내거나, 아이를 만나러 오라고 부탁하거나, 전화나 이메일, 문자 혹은 법률적 절차를 통해 아이에 대한 관심을 촉구하고 부모로서의 의무를 상기시킬 수 있을 것이다. 하지만 그러한 과정은 쥘리가 들이는 비용에 비해 충분한 보상으로 돌아오지 않는다. 그보다는 시간과 에너지라는 자원을 아이의 학습 부진을 해결하는 데에 집중하는 편이 좋을 것이다. 아이의 학교 공부를 도와줄 수 있는 은퇴한 어르신을 동네에서 찾아보거나, 학교 선생님과 긴밀하게 의사소통하는 것이 에너지를 아끼는 길이며, 아이와 쥘리 두 사람의 관계에도 훨씬 이익이 된다.

다섯째, 자신에게 지대한 영향을 미치는 요인을 우선 목표로 정해야 한다. 앞서 설명한 테스트에서 각자 고유한 삶의 조건에 따라 특히 영향을 크게 미치는 위험 요인 및 보호 요인이 있으면 추가로 5점을 더할 수 있다고 했다. 이 요인을 최대한 우선적으로 검토해야 한다.

여섯째, 연속적인 보상을 기대할 수 있는 요인을 우선 목표로 삼는다. 도미노 게임이나 나비효과처럼, 어떤 요인의 상황이 개선되면 다른 요인에도 부수적인 영향을 미친다. 이러한 부수적인 영향을 갖는 요인을 우선 살펴보아야 한다. 그 요인은 번아웃을 극복할 수 있는 에너지를 아껴주기 때문이다. 예를 들어, 아이와 함께하는 시간을 충만하고 즐겁게 만듦으로써 아이와 관계가 개선되는 경우를 보자. 보상이 연쇄적으로 일어날 것이다. 가족 분위기가 개선되고 부모로서 능력이 나아졌다는 기분을 느낄 수 있으며, 협력적 육아가 더 편안해지고(특히 아이에 관해서 부부가 함께 의견을 공유하며 결정하는 과정이 기분 좋은 결과를 낳기 때문이다), 긍정적인 교육이 이루어지고 아이의 행동도 개선된다. 쥘리의 사례에서 아이들과 긍정적 관계를 구축할 수 있는 주변 자원을 동원하라는 조언은 매우 유의미하다.

위 여섯 가지 기준을 통해서, 개인적·교육적·가정적 요인을 우선으로 개선해야 함을 알 수 있다. 실제로 번아웃에서 중심이 되지만 유동적인 요인들은 어느 정도 조절 가능하며(직접적 효과) 그에 따른 부수적인 보상 효과도 낸다. 개인적·교육적·가정적 요인 가운데 부모는 자신에게 가장 큰 영향을 미치는 요인을 선택하고, 특정 상황에서 해당 요인의 비용 대비 보상이 최대로 일어나도록 상황 개선책을 결정해야 한다.

위험 및 보호 요인 중 우선적인 목표를 일단 고르고 나면 향후 대책 방향을 검토하는 것이 용이해진다. 다음 장에서는 어떻게 자기 자신을 돌볼 것인가(개인적 요인), 어떻게 부부가 함께 대처할 것인가(부부 관계의 요인), 어떻게 자녀와의 관계를 개선할 것인가(가정적 요인), 이 세 가지 질문에 대한 구체적 실마리를 찾아갈 것이다. 이 과정에서 부모는 개인적 균형을 회복하고 균형점을 보호 요인 쪽으로 기울어지게 만들 방법을 찾을 수 있다. 이러한 노력이 효과가 있었는지 알고 싶다면, 얼마간 시간이 지난 후 테스트에 다시 응답해보기 바란다. 당신의 위험 요인이 얼마나 감소했는지, 보호 요인이 얼마나 보완되었는지 확인 가능하다. 이 점을 재검토함으로써, 앞으로 주의할 새로운 요인을 파악하고 어떠한 구체적 과정을 따라야 할지 목표를 새롭게 정할 수 있다.

자기 자신 돌보기 5단계

번아웃 증후군을 예방하거나 이를 극복할 때, 정서적 유능성은 큰 힘이 된다. 개인의 정서적 유능성은 자신의 고유한 감정 및 다른 이들의 감정을 알아차리고, 이해하고, 표현·경청하고, 관리하고 활용할 줄 아는 능력이다. 또한 번아웃의 개인적 요인 중에서 본인이 개선 가능하며, 그럴 만한 가치가 큰 능력이다.

연구 결과, 정서적 유능성이 높을수록 스트레스에 맞서는 능력이 컸다. 그림 9-1은 스트레스 관리에서 정서적 유능성이 어떤 역할을 하는지 잘 보여준다. 스트레스 유발 요소는 손에 들린 쟁반에 무게를 가한다. 정서적 유능성은 팔이 버티는 능력과 같다. 정서적 유능성이 높을수록, 당신은 무너지지 않고 스트레스 유발 요소의 무게를 잘 버틸 수 있다. 반면 정서적 유능성이 떨어질수록 버티는 능력도 떨어진다.

정서적 유능성은 우리의 스트레스 저항력 수준을 결정짓는다. 하지만 이 저항력은 결코 무한하지 않다는 것을 유념해야 한다. 정서적 유능성이 월등한 부모라도 자신을 짓누르는 무게가 계속 더해지고, 곁에 도와주는 사람도 없다면(수많은 스트레스 유발 요소가 동시에 발생하고, 외부의 지원은 거의 받지 못하고, 아이가 매우 다루기 힘든 상태라면), 결국에는 무너질 수밖에 없다. 다음 장에서는 이러한 균형을 맞추는 데 중요한 요소들을 어떻게 다루고 증진시킬 것인지 알아볼 것이다. 그 요소란 바로 부부 관계, 협력적 육아, 부모의 실천이다.

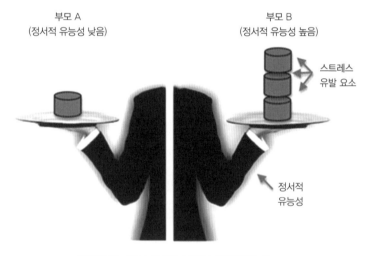

정서적 유능성이 높을수록 스트레스 저항력이 높다

그림 9-1 **정서적 유능성의 역할**

보호 요인 및 고정된 취약 요인(유전형질, 인구사회학적 특징, 가족사)과는 달리, 개인의 정서적 유능성은 나아질 수 있다. 우리는 최근 연구에서 정서적 유능성을 구성하는 다섯 항목(자기 감정 인지하기, 이해하기, 표현하기/경청하기, 관리하기, 활용하기)을 단 18시간만 학습해도 스트레스를 최소 25퍼센트에서 최대 40퍼센트까지 줄일 수 있다는 사실을 입증했다! 아쉽게도 여기에서 그 학습 내용을 전부 다룰 수는 없다(궁금한 독자는 책《자신의 감정과 더불어 살아가기Vivre mieux avec ses émotions》[24]에서 핵심 내용을 참고하기 바란다). 여기서는 부모가 일반적으로 겪게 되는 몇 가지 상황을 예를 들어 설명할 것이다.

자기 감정 인지하기

자기 감정(스트레스, 짜증, 분노, 실망 등)을 인지하는 것은 굉장히 중요한 능력이다. 감정을 정확하게 인지하면 이를 말로 표현할 수 있기 때문이다. "오늘, 엄마가 신경이 날카롭네." "지금 아빠가 화가 났단다." 이런 식으로 부모가 감정을 말로 표현하게 되면, 아이는 자신이 어떻게 대응해야 할지 알 수 있다. 어떤 반응을 취해야 할지 예측하여(사람은 슬플 때와 화가 났을 때 동일한 반응을 보이지는 않는다), 부모가 나무라거나 벌을 주기 전에 상황을 바꿀 행동을 취할 수 있게 된다. 자기 감정을 빠르게 알아차리는 능력이 중요한 이유는 감정을 표현하자마자 스스로 인지하여 적절한 순간에 이를 누그러뜨릴 수 있기 때문이다. 스트레스의 초기 신호를 인지하여 자신이 스트레스를 받고 있다는 걸 알아차린다면, 더 심해지기 전에 스트레스를 다스릴 행동을 취하게 된다. 마찬가지로 당신이 짜증이 났다는 초기 신호를 인지할 수 있다면, 분노를 터뜨리기 전에 이를 적절히 다스릴 수 있다.

자기 감정 이해하기

자기 감정을 이해한다는 것은 감정의 기폭제와 감정의 심층적 원인을 구별할 수 있다는 의미다. 얼핏 쉬워 보이지만 많은 사람이 어려워하는 부분이다. 다음과 같은 상황을 상상해보자.

금요일 저녁이다. 당신은 극도로 많은 일에 치여 스트레스 넘치는 한 주를 보냈다. 집에 와서 식사를 준비하느라 바쁜 중에도 단 한 가지 생각만 하고 있다. 자리에 앉아서 쉬고 싶다는 생각. 당신이 요리하는 동안 아이는 끊임없이 이것저것을 해달라고 조른다. 당신은 아이에게 지금은 바쁘다고 말하지만 아이는 귓등으로도 듣지 않는다. 어느 순간에 이르면 당신은 폭발하게 된다.

자신의 감정을 제대로 이해하지 못하면, 아이가 당신의 신경을 건드린 원인이라고 생각하고 화를 내며 아이에게 심한 벌을 줄 위험이 있다. 한 주 내내 일 때문에 쌓여 있던 짜증(감정의 심층적 원인)이 이 아이가 준 자극(감정의 기폭제)에 의해 건드려진 것임을 이해한다면 그런 일은 일어나지 않을 것이다. 평소에 감정의 기폭제 뒤에 숨은 진짜 원인을 찾아내려고 노력해보자. 당신은 그동안 직장 스트레스, 가족 외부의 방해물, 일상의 불만족 등 다른 원인으로 인한 화를 자녀나 배우자에게 표출했음을 알게 될 것이다.

자기 감정 활용하기

조금이라도 자기 감정을 알아차리고 제대로 이해하게 되면, 그 감정을 통해 자신을 돌볼 수 있는 꽤 유용한 정보를 알게 된다. 5장에서 살펴본 것과 같이 번아웃 증후군은 일반적으로 '에너지 저하' 국면을 먼저 보이는데, 그때 부모는 우울감에 빠지거나 부정적이고 조급한 성향을 보이며 짜증이 늘게 된다. 이러한 전조 증상을 소홀히 하는 사람이 많다. 하지만 우울감, 조바심, 짜증이라는 감정을 정확히 탐지하는 것이 중요하다. 만일 이런 감정이 빈번하게 일어난다면 하루빨리 자기 자신을 돌보고 긴장을 풀어주라는 신호로 해석해야 한다.

긴장을 풀어주는 활동은 사람마다 다를 수 있다. 산책하기, 쇼핑하기, 운동이나 독서 활동, 식당이나 영화관 가기, 스파 가기, 예술 활동 참여하기 등 각자의 취향이나 주머니 사정에 따라 다양하게 선택할 수 있다. 또한 일시적으로 긴장을 풀어주는 것 외에 좀 더 긴 휴식을 갖는 일도 중요하다. 먼 곳으로 비용을 들여 장기간의 휴가를 떠날 필요는 없다. 당신이 번아웃이 온 게 아니라면 24시간 정도의 휴식(혹은 아이 없이 당신과 배우자 둘만 떠나는 휴식)이면 안성맞춤일 것이다. 집을 벗어나 휴가 계획을 짜는 것(외국으로 나갈 필요도 없다. 가까운 다른 도시로 가는 정도면 된다)만으로도 도움이 된다. 당신은 짧은 여행을 통해 일상과 다른 풍경을 마주할 때 생기는 긍정적이고 낙관적인 감정을 만끽하고 돌아올 것이다.

이렇게 스스로 즐거움을 누리는 시간은 스트레스와 맞서 싸우는 데 도움이 된다. 연구 결과 번아웃을 예방하려면 짧은 휴가를 자주 떠나는 것이 도움이 된다고 한다(긴 휴가를 어쩌다 한 번 가는 것보다 이 편이 효과적이다). 휴가의 효과는 실제로 떠나기 전에 이미 설레는 마음을 갖는 것부터 시작되며, 돌아온 후 한 달이 지나면 그 기쁨은 희미해진다. 한 달의 긴 휴식을 일 년에 한 번 갖는 것보다 두 달에 한 번씩 3~4일의 휴식을 취하는 것이 이상적이다. 이미 번아웃 증후군에 빠진 부모라면, 휴식 기간은 번아웃 정도에 비례해 상대적으로 책정되어야 한다. 번아웃을 예방하기 위해서라면 4일 정도가 효과적이지만, 이미 번아웃이 진행된 상황이라면 이 정도는 너무 짧다.

자기 감정 표현하기

아리스토텔레스도 말했지 않은가. "적절한 사람에게, 적절한 이유로, 적절한 순간에 제대로 된 방법을 사용해 원하는 만큼 분노를 표현하는 일은 쉽지 않다."

실제로 우리 중 약 75퍼센트는 적절한 방식으로 자기 감정을 표현하지 못한다고 한다. 어떤 이는 감정을 전혀 표현하지 못하고, 어떤 이는 감정을 서로에게 도움이 되는 방식으로 표현할 줄 모른다. 하지만 서로에게 도움이 되는 방식으로 감정을 표현하는 것은 일종의 기술이므로 누구나 배울 수 있다! 이를 배우면 관계는 놀라울 정도로 좋아진다.

상처받거나 화났을 때 종종 이렇게 행동한다	상처받거나 화났을 때 이렇게 행동하는 게 좋다
소리 지른다. 화를 낸다(심할 경우 화를 터뜨리거나 폭력을 사용한다).	소리 지르지 않고(때리지 않고) 감정을 표현한다.
다른 사람을 탓한다("너 때문에 못 살겠다").	자신의 감정을 표현한다("네가 그렇게 행동하니까 좋지 않아"). 혹은 (아이와 함께 있을 때) 일반적 규칙을 알려준다("거짓말은 하면 안 된단다", "때리면 안 돼요", "함께 사용하는 거야").
인성을 지적한다("너는 못됐어", "넌 거짓말쟁이야").	행동을 표현한다("너는 ○○를 했어").
일반화해서 이야기한다('언제나' '한번도'라는 표현을 쓴다).	일반화하는 표현을 삼가고, 구체적인 예를 언급한다.

판단하거나 훈계한다("네가 그걸 지키는 꼴을 못 봤다").	사실만 언급한다.
그 상황이나 행동이 왜 문제가 되는지 설명하지 않는다.	그 상황이나 행동이 어떤 점에서 문제를 일으키는지 설명해준다.
해결책을 강요한다.	해결책을 제안해주고, 상대도 제안하고 싶은 게 있는지 물어본다(단, 유아기 아동에게는 해당되지 않음).
일단 자기 말이 끝나면 자리를 떠나거나 전화를 끊어버린다.	상대도 의견을 표현하도록 시간을 준다.

표 9-1 자기 감정 표현 개선법

자기 감정 관리하기

번아웃은 스트레스 계열의 증후군이므로, 이를 예방하거나 개선하려면 주된 감정인 스트레스를 관리하는 법을 배워야 한다. 스트레스 관리법은 다양한데, 스트레스가 발현되는 필요충분조건 중 하나를 잡아 공략하면 된다.

스트레스가 발생하려면 네 가지 조건이 충족되어야 한다. 첫째, 잠재적으로 스트레스를 주는 '상황'에 (실제적으로 혹은 정신적으로) 맞닥뜨려야 한다. 둘째, 그 상황에 '주의'를 기울여야 한다. 셋째, 이를 스트레스를 유발하는 것으로 '인식'해야 한다. 넷째, 상황이 신경생물학적·행동주의적·경험적 '반응'을 촉발시켜야 한다. 그러므로 모든 주관적 스트레스 경험은 네 가지 요소, 즉 **상황 발생**—개인이 주의를 기울임—상황 인식—생리적 반응을 통해 발생한다. 스트레스를 효과적으로 관리하는 전략은 이러한 요소*를 공략하는 것이다. 이제 가장 효과적인 전략에는 어떤 것들이 있는지 살펴보자.

상황 방지: 사전에 스트레스 예방하기

여기 소개하는 전략은 부모가 스트레스 상황에 놓일 '가능성'을 줄이는 것이 목적이다. 즉 스트레스 발생을 '막기 위해' 사전에 (예를 들어 셋째 아이를 가지기 전에, 둘째 때보다 두 배는 더 깊이 생각하고 논의한다), 그리고 동시에, 지금 일상에서 일어나는 일을 정리한다는 의미이다. 우선 스트레스 요인을 인지하고(나에게 스트레스를 주는 사건 혹은 순간은 무엇인가?), 그런 다음 피할 수 있는 스트레스 유발 요소를 방지하기 위해 일상의 체계를 (재)조직한다. 예를 들어, 토요일에 가족이 함께 장을 보는 일이 참을 수 없을 정도로 스트레스를 주는 시간이라면, 부모 중 한 명이 장을 보는 동안 다른 배우자가 아이를 맡을 수 있다. 만일 그럴 수 없다면, 과외활동에 아이를 등록시켜 토요일 아침마다 차분히 장을 볼 수 있는 시간을 확보한다. 스

♦ 스트레스가 교감신경을 활성화하는 모든 물질(예컨대 카페인)의 소비에 대한 반응으로 인위적으로 발생하는 경우는 제외한다. 이 경우, 그 물질의 복용량을 줄여야 할 것이다.

9장 · 자기 자신 돌보기 5단계

트레스를 방지하기 위해서는 일상적으로 생기는 문제(아이를 학교에 데려다주고 데려오기, 식사 준비 등)에 대해 창의적인 해결책을 생각낼 수 있어야 하며, 이때 배우자나 아이의 도움을 받는 걸 주저해서는 안 된다.

　내가 인터뷰한 어느 엄마는 이것을 성공적으로 해낸 사람이었다. 다섯 아이의 엄마인 그는 모든 면에서 믿을 수 없는 에너지를 가진 사람처럼 보였다. 나는 어떻게 그 일들을 다 해내고 있느냐고 물어보았다. 굉장히 복잡한 대답이 돌아올 거라고 생각했다. 현실은 예상한 것보다 더 힘들 거라고 생각했기 때문이다. 그런데 의외로 꽤나 간단한 답변이 돌아왔다. 집안일 같은 스트레스 요인을 없애는 방향으로 최대한 일상을 조직했다고 대답했다. 동시에 너무 많은 일을 처리하면 스트레스가 발생하므로, 그녀는 끝도 없는 집안일(빨래하기, 식기세척기 정리하기, 식탁 치우기, 식재료 다듬기)을 처리하는 데 적극적으로 아이들의 도움을 받았다.

　"가족들이 싫은 기색을 안 보이나요?" 내가 물었다. "아뇨, 아이들이 자발적으로 하는걸요!" 그녀가 대답했다. "열두 살이랑 열네 살 아이들이 늘 그 일을 한다고요?" 내가 믿을 수 없어 다시 물었다. "그럼요. 그렇게 해서 가장 득을 보는 게 아이들인걸요!" 그녀가 미소를 짓더니 덧붙였다. "그런 집안일에서 내가 자유로워야 스트레스가 줄어들고, 결국 아이들이랑 더 많은 시간을 보낼 수 있어요. 아이들 숙제를 도와줄 수 있고 자기 전에 같이 수다를 떨 수도 있고

요." 그녀는 이렇게 요약했다. "다섯 아이가 집안일을 나누어 맡으면 각자 시간이 조금밖에 들지 않아요. 반대로 내가 혼자 다 떠안으면 아이들과 함께하는 시간은 훨씬 줄어들고, 결국 지금보다 훨씬 스트레스에 시달릴 거예요. 결국 모두가 이기는 게임인 거죠."

물론 이런 해결책을 실행할 때는 배우자와 사전에 합의가 되어야 한다. 이 문제에 대해서는 다음 장에서 살펴볼 것이다. 이 여성은 남편이 곁에서 집안일을 많이 도와준다는 점에서 운이 좋았다. 장을 보고 식사를 준비하는 것은 남편 담당이라고 한다.

스트레스를 예방하려면 이처럼 모든 면에서 투쟁하기보다, 자신이 치열하게 싸울 영역을 선택하는 편이 좋다. 어떤 영역은 유발하는 스트레스에 비해 싸워서 얻는 이점이 거의 없다. 그 밖에 과외 활동이 부모의 스트레스 강도를 높이는 경우(위급한 일이 발생할 수 있고, 아이를 데려다주고 데려와야 한다), 아이가 크게 원하는 활동이 아니라면 참여시키지 않아도 된다.

상황 수정: 스트레스를 덜 받도록 상황 조정하기

아무리 예방하려 노력해도 막을 수 없는 불가피한 스트레스 유발 요소가 있다. 두 번째 전략은 스트레스 요소를 제거할 수 없는 경우, 대신 스트레스를 줄이는 쪽으로 방식에 변화를 주는 것이다. 예를 들어, 아이를 학교에 차로 데려다주고 데려오는 일은 많은 가정에서 스트레스의 원인이 된다. 이 경우 근처에 사는 학교 친구들을 찾은 다음, 그들의 부모와 그 일을 분담하면 시간을 절반(두 가정이 함께 교대로 분담할 경우) 혹은 삼 분의 일로(세 가정이 분담할 경우) 줄일 수 있다. 이렇게 되면 아침마다 아이들과 씨름하지 않아도 된다. 친구의 부모님이 데리러 오거나 학교 친구가 밖에서 기다릴 경우 아이는 평소보다 능동적으로 움직이기 때문이다.

학교 데려다주기 외에도, 숙제 시간은 가정에 적지 않은 스트레스를 준다. 아이들은 보통 학교 공부를 시작하는 걸 힘들어하고, 시간 관리나 숙제를 위한 시간표 작성, 집중력 유지에 어려움을 겪는다. 또한 좋아하는 놀이를 못 하고 그 시간에 숙제를 해야 한다는 사실만으로도 좌절을 느낀다. 이럴 때 집에서 공부하며 받는 스트레스 유발 요소를 제거하기는 힘들지만, 이를 조절하는 것은 가능하다. 부모는 아이가 숙제에 집중하도록 오락거리가 없는 방에 머물게 하거나, 숙제에 집중하는 시간을 일정하게 정해주거나, 숙제 중간에 운동 시간처럼 기분 전환 시간을 배치하거나, 아이와 함께 요일별 공부 계획을 짜거나, 아이에게 버거운 숙제를 도와주겠다고 제안할 수 있다.

스트레스 원인이 되는 상황을 수정하는 일은 얼핏 간단해 보이지만, 연구 결과 절반이 안 되는 부모만이 이 전략을 사용했다. 스트레스 원인 개선이 어려운 이유는 여러 가지가 있다. 첫째, 상당한 창의력이 필요하다. 둘째, 아이를 기숙사에 보내거나 상담을 받게 하는 등 만만치 않은 결정을 내려야 하기 때문이다. 셋째, 스트레스 원인을 수정하려면 다른 사람과 쉽지 않은 논의를 해야 하기 때문이다(직접적 원인이 되는 아동이나 청소년과, 직장 업무 시간을 조절해야 한다면 상사와, 집안일을 분담할 필요가 있다면 배우자와 논의해야 한다). 우리는 타인에게 상처를 주거나 갈등이 생길까 봐 의논하는 상황 자체를 회피한다. 그러면 결국 문제는 그대로 남는다. 하지만 건설적인 방식으로 문제를 입밖에 내어 표현하게 되면(표 9-1 참조) 상황이 해결될 가능성도 높아지고, 갈등을 겪을 위험도 눈에 띄게 줄어든다.

주의 조정: 긍정적인 면에 주의 기울이기

주의력이 감정에 지대한 영향을 미친다는 사실은 잘 알려져 있지 않다. 흔히 생각하는 것과 달리, 우리는 '결코' 현실을 있는 그대로 보지 않는다. 매 순간 오감을 통해 감각 정보가 도착하지만, 우리 뇌는 이를 처리할 충분한 능력이 없으므로 자신이 다룰 정보를 강력한 선별을 통해 정한다.

시각 정보를 예로 들어보자. 망막에 부딪히는 시각 정보의 양이 초당 100억 비트인데, 이 중 단 100개만 의식에 도달한다. 감각의 입력점(망막)부터 의식에 도달하기까지 정보가 천만 분의 1로 축소되는 것이다. 이런 축소 과정에는 유전자와 어린 시절의 경험, 성격이 영향을 끼친다. 다시 말해 어떤 이의 뇌는 부정적 자극을 더 많이 선택하고, 어떤 이의 뇌는 긍정적 자극을 더 많이 선택한다. 연구 결과 이러한 자동적이며 무의식적인 편향이 기분에 영향을 미친다는 것이 드러났다. 부정적인 자극을 더 많이 선택한 사람은 더 심한 불안과 의기소침한 기분을 느꼈고, 긍정적인 자극을 더 많이 선택한 사람은 상대적으로 행복하고 태연했다. 이러한 주의편향과 맞서 싸우려면 부모가 선택적 주의력에 관해 처음부터 다시 배워야 할 것이다. 현재로서는 대부분 부모 개인의 노력에 기댈 수밖에 없다. 긍정적인 면(예를 들어 우리 아이가 잘한 일)에 더욱 주의를 기울이고, 부정적인 면(아이 방이 심각하게 어질러진 일)에 너무 신경 쓰지 않는 것이다.

일부 주의편향을 재교육하는 자동 프로그램이 몇 년 전부터 개발 중에 있다. 로스캄 연구팀은 현재 부모 스트레스의 맥락에서 이 프로그램의 상용 가능성과 적합성을 테스트하고 있다. 연구팀은 '까다로운' 아이의 부모일수록 아이의 긍정적이고 중립적인 표현보다 부정적 표현에 더욱 주의를 기울인다는 가설을 세웠다. 이를 토대로 한 주의편향 수정 프로그램은 아이의 중립적·긍정적 표정에 주의를 기울일 수 있도록 도와준다. 대조군과 비교한 결과, 15분간의 재교육 과정은 부모-자녀 간 상호작용의 질적인 변화를 일으키는 데 충분했다.◆ 이 프로그램이 부모-자녀 관계, 부모 스트레스에

◆ 녹화 상황을 부모와 자녀에게 알리지 않고 과정을 진행했으며, 역시 사전 정보가 없는 별도의 심사원이 내용을 판단했다. 물론 실험 종료 후 부모에게 이를 알렸으며, 녹화본 사용도 허락받았다.

가져올 결과는 장기적으로 검증이 이루어질 예정이다.

　우리가 어떤 일에 대해 정서적 '감정가(긍정적·부정적·중립적)'에 따라 주의를 기울이는 경향이 있고, 이것이 감정 상태에 영향을 미친다면, '시간성(과거·현재·미래)'에 대해서도 마찬가지 일이 벌어진다. 연구 결과 현재에 주의를 기울이는 것만으로도 스트레스 예방 효과가 있다고 한다. 현재에 집중하면 과거에 일어난 사건, 미래에 대한 걱정을 지속적으로 되새김질하는 경향이 줄어들기 때문이다.

　과거나 미래를 생각하는 대신 지금 이 순간의 스트레스 자체에 집중하면 어떤 일이 일어날까? 이제 당신은 스트레스를 유발하는 대상(소란 피우는 아이 같은)에 주의를 기울이는 대신, 스트레스가 내 신체에 어떻게 드러나는지 집중하게 된다. 스트레스가 우리의 호흡과 긴장된 근육에, 심장과 위에 어떤 변화를 일으키는지 관찰하는 것이다. 미묘한 낌새를 살피고, 스트레스의 강도와 변화를 주시하고, 정점을 찍다가 약화되었다가 다시 회복을 반복하는 감정의 강도를 관찰한다. 이처럼 스트레스 자체에 집중하면 스트레스의 원인에서 분리될 수 있다. '우리 애는 왜 얌전히 앉아 있지 않을까?', '내 남편(부인)은 왜 한 번도 나를 도와주지 않을까?' 이런 식으로 꼬리에 꼬리를 무는 생각에 사로잡히지 않게 되며, 감정이 지나치게 활발해지는 것을 억제하게 된다.

인식 전환: 다른 각도에서 바라보기

대부분의 경우 스트레스를 촉발하는 것은 상황 자체가 아니라, 상황이나 자원을 바라보는 개인의 인식이라는 점에서 시작하자. 동일한 사건을 경험해도 사람마다 스트레스를 다르게 받는 것도 이 때문이다. 어떤 부모는 아이가 처음으로 페이스북 계정을 개설한 것에 대해 깜짝 놀라는 반면, 어떤 부모는 이를 재미있다고 생각한다. 어떤 부모는 아이가 눈을 흠뻑 맞으며 학교에서 집으로 돌아갔다는 말을 듣고 지나치리만큼 걱정을 하는 반면, 어떤 부모는 이를 유쾌하게 넘긴다. 플라톤이 동굴의 비유를 들어 강조한 것처럼, 우리가 인식한 현실은 현실 그 자체가 아니다. 우리는 자신이 어떤 사람인가에 따라, 지금 어디에 있는가에 따라 왜곡된 방식으로 세계와 사물을 본다.

만일 스트레스가 인식의 결과이며 상황 그 자체가 아니라면, 이는 곧 우리에게 스트레스를 줄일 수 있는 강력한 수단이 있다는 말이 된다. 스트레스와 싸우기 위해 상황 및 자원에 대한 내 인식을 바꾸면 되는 것이다. 이를 위한 가장 일반적인 방법을 소개한다.

· 상황을 다르게 재해석하기

동일한 상황도 보는 사람의 관점에 따라 다르게 볼 수 있다는 것을 전제로 한다. 같은 아이도 관찰하는 사람에 따라 무척 산만한 아이, 정상적인 아이 혹은 차분한 아이 등으로 다르게 인식된다. 예를 들어 차분하고 침착한 성격을 가진 엄마의 눈에 다미앵은 너무 산만하고 예민하며 성가신 아이로 인식된다. 반면 학교 선생님이 보기에 다미앵은 극히 정상적이다. 학급에는 다미앵보다 조용한 아이도 있지만 훨씬 산만한 아이도 많기 때문이다. 마찬가지로, 산만하기 이를 데 없는 세 아들을 둔 다미앵의 대부는 그가 차분한 아이라고 생각한다. 연구 결과, 동일한 아동을 바라보는 부모의 인식과 학교의 인식, 의사의 인식 사이에는 교집합을 찾기 어려웠다.[*] 그런데 자기 아이를 감당할 수 없다고 생각하는 엄마는 아이가 정상적이거나 차분하다고 여기는 엄마에 비해 훨씬 심한 스트레스를 받을 것이다. 상황을 다른 관점으로 바라보려고 노력하고, 동일한 행동을 더 긍정적인 용어로 표현하는 노력을 기울이기만 해도(예를 들어, 산만한 아이라고 하는 대신 에너지가 넘치는 아이라고 부르기) 스트레스는 감소한다.

· 상황에 대한 긍정적 관점을 갖되, 장기적인 이점 찾아내기

이는 사물의 좋은 면을 보려고 노력하고, 상황을 바라보는 긍정적 관점이 무엇인지 시간을 두고 자문하는 것을 의미한다.

---

[*] 달리 말하자면 이러한 인식은 절대 일치하는 법이 없다. 같은 아이가 그의 부모, 교사, 의사에게 전부 다르게 인지되는 경우가 종종 있기 때문이다.

"우리 딸이 나한테 자기는 여자가 좋다고 말하더군요. 그 순간 세상이 무너지고 내 꿈이 다 날아가는 기분이 들었어요. 딸이 사회에서 매장당하는 상상까지 했다니까요. 며칠 동안 나는 곰곰이 생각했죠. 딸이 남자와 살며 불행한 것보다 여자와 함께 행복하게 산다면 그걸로 좋다는 생각이 들었어요. 벨기에에서 살 기회가 생길지도 모르죠. 내가 할머니가 될 가능성도 생겼고요!"

이렇게 말하는 어머니가 있다고 하자. 틀린 말은 아니지만, 너무 단기간에 쉽게 자기 입장을 정리하려는 것처럼 보인다. 긍정적 관점을 찾으려면 실제로는 상당한 인지적 노력이 필요함에도 불구하고 말이다. 앞서 설명한 것처럼 부정적 감정은 상황의 '부정적' 요소에 이끌리기 마련이다. 지금껏 믿어온 기본 신념과 가치, 인생의 전반적인 부분을 검토하는 데에는 시간이 걸린다.

상황에 대한 긍정적 관점은 즉시 가질 수 있는 것이 아니라, 시간을 두고 차차 확립해나가는 것이다. 긍정적 관점을 지향하는 것이 현재로서는 어떤 결과를 내지 못한다면, 사건의 가치에 대한 판단을 보류하는 것이 현명하다. 부정적인 쪽으로 이를 분류하기보다는, 확실하지 않은 것이 갖는 이점을 그대로 두는 편이 낫다. 스트레스 상황이 긍정적 결과로 이어진 예시는 적지 않다. 인터뷰에 응한 한 어머니는 이렇게 말한 적 있다.

"우리 아이는 경범죄로 체포된 적이 있습니다. 그런 일이 일어나지 않았더라면 하고 바랐었지요. 하지만 동시에 그 사건 덕분에 아이에게 뭔가 문제가 있다는 사실을 알 수 있었어요. 그 일로 인해 우리는 함께 이야기했고, 문제를 명확히 했고, 기존의 소통 방식을 바꾸었고, 처음부터 다시 시작할 수 있었어요. 아이는 전학을 가고 친구도 새로 사귀는 걸로 결정했고, 그때 이후로 굉장히 성숙해졌답니다."

• 상황에 대비하기 위해 자원 재검토하기

스트레스 상황을 좀 더 긍정적으로 재평가할 수 있다면, 상황에 대비하기 위해 나를 지지해주는 자원을 재검토하는 것도 가능하다. 앞서 살펴본 바와 같이, 나를 지지해주는 자원에 비해 상황이 열악하다는 생각이 들 때 스트레스가 발생한다.

많은 부모가 자녀를 다루는 문제로 스트레스에 시달린다. 이 스트레스의 상당 부분은 부모가 아이를 잘 다룰 능력이 없다는 무력감을 느낄 때 발생한다. 그런데 최근 연구 결과, 부모에게 아이를 다룰 만한 능력이 있다는 느낌을(그것이 불명확할지라도) 강력히 심어주는 것만으로 변화가 있었다. 아이와 함께 있을 때 부모는 훨씬 더 즐거워했고, 부모와 자식의 상호작용도 원만해졌다는 결과가 나왔다.

• 과장하여 생각하는 경향을 인식하기

인간이 느끼는 스트레스의 상당 부분은 현실을 부분적으로 왜

곡하여 인식한 결과이다. 우리는 부정적인 세부 사항에 집중하느라 긍정적인 일을 놓치는 경향이 있다(예를 들어, 아이가 수학을 어려워한 다는 사실만으로, 아이가 학교에서 '제대로 하는 게 없다'고 생각한다). 한 가지 요소를 일반화하는 경우도 많다(친구의 아이가 페이스북에서 괴롭힘을 당한 걸 들은 뒤 SNS가 '모든' 청소년에게 위험하다고 생각한다). 혹은 안 좋은 일이 생기고 나면 위험을 과장하기도 한다(아이가 친구들과 마리화나를 피웠다고 고백했고 그 이후로 부모는 아이가 비행 청소년이 될까 봐 잠을 이루지 못한다). 이러한 상황에서는 두려움을 부풀리는 증거를 찾기보다, 두려움을 진정시킬 만한 근거를 생각하도록 해야 한다. 이를 통해 문제 상황을 더욱 신중하고 차분하게 파악할 수 있게 되고 스트레스는 줄어든다. 또한 훨씬 중요한 일에 에너지를 쏟을 수 있게 된다. 물론 두려움에 반대되는 증거를 적극적으로 찾는 일에는 많은 노력이 들어간다. 그렇지만 문제 상황이 부모와 아이의 인생에 남기는 영향은 결코 작지 않기 때문에 이러한 노력을 멈추어서는 안 된다.

· 사고와 현실을 새로이 분리하기

생각을 정밀히 검증한다고 해서 왜곡된 사고를 자동적으로 알아차릴 수는 없다. 인간은 자신의 생각을 어마어마하게 신뢰하는 경향이 있기 때문이다(우리가 화를 낼 때 이런 신뢰의 비율은 100퍼센트에 근접한다). 우리는 자신의 추론이 비약이 심하다는 사실을 거의 인식하지 못하며, 자신의 생각을 뒷받침해주는 정보만 보는 경향이 있다. 바로 이런 이유로 내가 강력하게 믿고 있는 사안이라도, 자신의 사고가 항상 현실을 반영하지 않는다는 걸 인식하는 게 중요하다. 따라서 아이가 학교생활을 제대로 못 한다고 '생각'할 때가 아니라, 그것이 부인할 수 없는 '사실'일 때 걱정해도 늦지 않다.

· 수용하기

위에서 언급한 방법들은 수많은 상황에 적용될 수 있다. 그렇지만 내적 자원을 훌쩍 뛰어넘는 스트레스 유발 상황이 존재하며, 긍정적으로 재검토하기 어렵거나 장기적 이점을 기대할 수 없는 상황이 분명히 존재한다(아이가 불치병을 앓거나, 협박받는 상황을 생각해보라). 이런 유형의 사건에서 가장 적합한 전략은 상황을 받아들이는 것이다.

받아들인다는 것은 찬성한다는 의미는 아니다. 문제 상황에서 수동적 태도로 절망에 빠진 무기력한 운명론자가 되자는 말도 아니다. 여기서 말하는 수용은 우리가 바꿀 수 없는(스스로를 탓하는 걸 그만두거나, 타인이나 인생을 탓하는 일을 그만두기) 일이나 상황에 의해 생기는 감정을 회피하지 않고 수용하려고 하는 적극적 과정이다. 수용한다는 것은 내려놓는 것, 우리가 통제할 수 없는 사실이 있으며, 불쾌한 감정을 겪을 수 있음을 받아들이는 것을 말한다. 물론 수용은 쉽지 않은 과정이다. 그러나 수많은 연구를 통해 수용 과정이 부정적 감정을 감소시키는 효과가 있음이 입증되었다. 새로운 형태의 치료법에서 환자에게 그가 겪은 힘든 일들을 수용하라고 권고하는 것도 이 때문이다. 가장 널리 알려진 치료법으로 수용과 격려 요법, 그리고 마음챙김이 있다.

생리적 반응 조절: 스트레스로 긴장한 몸을 풀어주기

스트레스를 유발하는 상황에는 항상 혈압 상승과 근육 긴장 등 생리적 반응이 뒤따른다. 여기에서는 근육 이완, 심장 박동 조절, 혈압 감소 등 신체 반응을 직접 조절하여 생리적 반응을 감소시키는 전략을 소개한다.

스트레스 상황에서 스스로 몸과 마음을 이완하려면 평소에 상황을 '정상화하는' 훈련을 해야 한다. 임상에서 스트레스로 인한 생리적 반응을 줄이는 기법이 두 가지 있다. 첫째는 이완 기법으로, 가장 활발히 연구되는 요하네스 슐츠Johannes H. Schultz의 자율훈련법이나 에드먼드 야콥슨Edmund Jacobson의 점진적 이완법이 있다. 이 두 가지 기법 모두 신체의 각기 다른 근육을 이완시켜 완전한 근육 이완 상태에 이르는 것이 목표이다. 인터넷에서 이 기법의 실천 가이드를 참조할 수 있다. 두 번째는 바이오피드백 기법으로, 기계의 도움을 받아 실시간으로 심장 박동, 근육 긴장도 등의 생리 현상을 측정해 화면으로 그 수치를 직접 확인하는 방식이다. 개인이 자신의 생체 활동 상태를 명확히 인식한 후, 치료 과정이 진행되는 동안 변화 과정을 직접 관찰함으로써 조정할 수 있게 돕는 요법이다.

물론 이완법을 배우기 위해 모든 부모가 전문가를 찾아갈 필요는 없다. 각자 자신에게 적합한 활동을 자발적으로 연습하면서 효과를 얻으면 된다. 목욕하기, 음악 듣기, 산책하기, 외식하기, 운동하기 등 자유롭게 선택할 수 있다. 문제는 스트레스가 심한 부모일수록 이완과 휴식을 위한 시간을 덜 가진다는 것이다. 부모가 스트레스를 관리하려면 자신의 일상을 적절히 조율해 스스로를 충전하기 위한 시간을 가져야 한다(예를 들면 정기적으로 아이를 배우자나 친부모/시부모/처부모, 이웃에 맡기고 자신을 위한 시간을 보내는 것이다).

조금이라도 이러한 노력을 기울인다면, 이번 장에 제안한 기법이 스트레스에 대한 저항력을 높여줄 것이다. 물론 하루아침에 가능한 일은 아니다. 변화에는 시간이 필요하지만 지속적으로 노력하면 당신은 스트레스 저항력을 높일 수 있다. 이것은 부모 번아웃의 중요한 예방 및 치료법이다. 물론 부모의 일은 당신, 배우자(보통은 아이의 아빠 혹은 엄마지만 예외도 있다), 아이라는 세 부분으로 이루어져 있으므로 이것만으로는 불충분하다. 다음 장에서는 배우자와의 관계, 자녀와의 관계를 집중적으로 살펴보겠다.

10장

둘이서 대처하기

부모 번아웃을 극복하거나 이를 예방하는 것은 개인의 내적 자원만 가지고는 불가능하며, 부부 관계에서 제공되는 외적 자원이 전적으로 필요하다. 이 자원을 다질 수 있는 방법을 부부 관계와 협력적 육아, 두 가지로 구별해 설명하겠다.

부부 관계의 중요성

스트레스에 시달리는 고단한 시기에 행복한 부부 관계를 유지하는 것은 쉽지 않은 일이지만, 부부 관계의 변화는 그만큼 문제를 해결하는 결정적 열쇠가 되기도 한다. 스트레스는 부부의 행복과 쌍방향 관계를 맺고 있기 때문이다. 스트레스 수준이 높을 때 부부의 만족도는 내려간다. 스트레스는 짜증을 불러일으키며 욕구를 감소시키므로, 부부 관계를 화목하게 유지하는 데 도움이 되지 않는다. 반대로 부부가 사이가 좋을 때 스트레스는 줄어든다. 힘든 시기에 배우자가 보내는 지지는 실제로 스트레스 완충 효과를 발휘한다. 이런 지지가 없으면 스트레스가 부부의 행복을 저해하고, 이로 인해 스트레스가 증가하고, 다시금 부부 관계가 나빠지고 그 결과 다시금 스트레스를 받는 악순환이 되풀이된다. 그러므로 스트레스에 시달릴 때 부부의 행복을 유지하고 북돋우는 일은 매우 큰 의미를 지닌다.

그렇다면 스트레스 상황에서 부부 관계를 보호하고 좋은 방향으로 이끌어가려면 어떻게 해야 할까?

- 어려운 시기에 부부 관계를 돌보는 일이 중요하다는 것을 잊지 말자.
- 배우자와 상관없는 일로 짜증이 났을 때(직장 스트레스 혹은 아이로 인한 스트레스 등) 책임을 상대에게 전가하지 말라(앞 장에서 다룬 '자기 감정 이해하기' 참조).
- 당신의 배우자가 완벽하지 않다는 것을 받아들여라(당신 역시 완벽하지 않다).
- 배우자가 당신이 좋아하지 않는 말이나 행동을 할 때(혹은 당신이 기대하는 행동을 하지 않을 때), 즉각적으로 그는 당신을 존중하지 않으며, 당신

을 사랑하지 않고, 가족이 어찌되든 상관하지 않고, 당신에게 상처를 주고 싶어 한다고 생각하는 걸 멈춰라. 반대로 그의 행동을 설명해주는 다른 이유(그는 그 일이 당신에게 중요하다는 것을 알지 못했다. 그는 서투른 사람이다. 그는 요즘 과로했다)를 떠올려보라. 타인의 반응과 행동을 해석하는 방식은 부부의 행복에 지대한 영향을 미친다.

· 배우자를 지적하는 횟수가 잦다면, 그에게 지적하는 횟수를 줄여라. 당신이 지적을 피하기만 한다면 어려운 대화를 해야 할 때 회피하려는 태도를 고쳐라.

· 어떤 경우에도 폭력을 쓰거나 모욕을 주는 것은 피하라. 배우자에게 신체적 폭력을 휘둘러도 되는 상황은 어디에도 없다. 배우자에게 모욕을 주는 행위 역시 어떤 경우에도 용납해서는 안 된다. 분노와 불만족을 표현하려면 다른 방법도 많다.

· 배우자의 실수를 비판하기보다 그가 가진 장점을 표현하라. 만일 부정적인 일을 꼭 언급해야 하는 경우라면, 언제나 건설적인 방식으로(앞 장 참조) 말해주고, 부정적인 일 한 가지에 긍정적인 일 세 가지를 같이 이야기하는 상호작용◆의 균형을 유지하라. 연구 결과, 이러한 비율을 준수하는 부부가 훨씬 만족스럽고 지속적인 관계를 유지한다는 점이 입증되었다.

◆ 여기서 '상호작용'이라는 단어는 좀 더 넓은 의미로 이해되어야 한다. 언어로 하는 상호작용뿐 아니라 얼굴 표정, 몸짓 등이 포함된다. 비판할 때 칭찬, 미소, 부드러운 몸짓을 넣어 부정적인 감정을 상쇄하는 효과를 부여하는 식이다.

- 유머를 사용하여 긴장을 완화하는 방법을 적극적으로 써보라(자기 희화는 큰 효과가 있다. 다만 신랄하거나 비꼬거나 빈정거리는 유머는 긴장 상황에서 피하는 게 좋다).

- 상대방이 어떤 감정을 겪고 있는지 주의를 기울이고, 그가 느끼는 기쁨이나 고통을 함께 공유하라. 배우자가 힘든 시기라면 그에게 정서적 지지를 더 많이 해주고(애정을 더욱 기울이고 경청하는 자세가 좋다) 이를 표현하라. 배우자에게 좋은 일이 생겼을 땐 그의 기쁨을 함께 공유하라(당신은 그날 일진이 좋지 않았더라도 말이다). 기쁨만이 아니라 고통도 '함께' 나누는 부부일수록 만족스럽고 지속적인 부부 생활을 한다.

- 가사 분담을 위해 여러 차례 의논하고, 한쪽이 일시적으로 너무 많은 역할을 감당하고 있다면 이를 수정하려는 노력을 멈추지 마라. 가사 분담은 합의를 통해 융통성 있게, 서로 납득이 되도록 이루어져야 한다.

- 두 사람을 위한 즐거운 시간을 확보하라. 이때 서로 간의 소통과 성생활, 애정, 함께하는 활동에 할애되는 시간 비율이 양쪽을 다 만족시키고 있는지 잘 살펴보라.

- 성생활을 만족스럽게 유지하려는 노력을 간과하지 마라. 특히 다른 상황에서 소통하기가 어려운 부부라면 침대에서 잘 맞는 것이 중요하다.

협력적 육아: 육아로 인한 대립을 해결하는 법

협력적 육아란 부모 양측이(여기서 부모는 함께 살 수도 있고 따로 살 수도 있다) 부모의 역할을 감당하기 위해 서로 협력하는 방식을 의미한다. 책임 분담, 아이와 관련된 다양한 일(밥 챙겨주기, 씻기기, 학교 준비물 챙기기, 격려하기)의 일상적 협조, 의사소통의 질, 상호 존중, 자녀 교육에 대해 이견을 풀어가는 방식 등 부모가 다각도로 합의를 이루어가는 과정이다. 즉 협력적 육아란 자녀 교육과 발달을 둘러싼, 부모가 함께 책임지고 담당해야 하는 일체의 것을 지칭한다. 꼭 부부뿐만 아니라, 한 아이의 교육 문제를 공유하는 어른은 전부 협력적 육아를 담당하는 공동 부모이다. 그러므로 협력적 육아는 재혼 가정이나 여러 세대가 함께 사는 가정에도 해당된다. 이들은 일치협력하여 아이의 교육을 책임진다.

협력적 육아는 가정을 원활하게 돌아가게 하는 가장 중요한 요소이다. 구성원의 행복, 가사 분담을 사전에 정의하는 과정을 기본으로 하기 때문이다. 어떤 부모는 협력적 육아에 적극 찬성한다. 이 부모의 배우자는 자녀 교육에 매달리고 맡은 바 일을 처리하고 아이에게 좋은 것에 대해서는 건설적인 방식으로 의견을 피력하며 상대방에게 적극적인 피드백을 준다. 또 어떤 부모는 협력적 육아를 부담스럽게 생각한다. 배우자가 은퇴를 해서 자기 역할을 책임지지 않고 육아 문제에 결정도 내리지 않으며, 그저 다른 한쪽의 권위를 무너뜨리는 비판만 일삼기 때문이다.

번아웃이 진행되는 과정에서 협력적 육아는 무시할 수 없는 역할을 한다. 번아웃의 전형적 증상인 탈진이나 즐거움의 상실은, 부모 역할에 필요한 물리적·심리적 자원이 제대로 뒷받침되고 있지 않을 때 따라오는 증상이기 때문이다. 협력적 육아는 앞으로 설명할 네 가지 측면을 기반으로 이루어진다. 하지만 고민할 것도 없이 이 자리에서 바로 해주고 싶은 조언은, 협력적 육아를 터놓고 의논하라는 것이다. 협력적 육아에 대해 부모 두 사람이 머리를 맞대고 같이 고민하는 경우는 흔치 않다. 그러다 갈등 상황이 불거지면 그때서야 수면 위에 오른다. 예를 들어, 나는 아이에게 사탕은 하나만 먹어야 한다고 했는데 남편이 내가 뒤돌아 있을 때 아이에게 사탕을 더 주었다. 이런 상황에서 "당신은 항상 아이 일에 끼어들어서 나를 나쁜 사람 만들더라!"라고 말하면 협력적 육아가 비판대에 오른다.

따라서 부모는 서로의 교육관이나 상대방의 권위를 어떻게 지지할지 미리 조율해두어야 한다. 실생활에서는 충돌이 일어나는 순간을 제외하면, 부부가 함께 한잔하거나, 잠자리에 들기 전에 협력적 육아를 논의할 기회가 거의 없다. 그래서 번아웃에 부부가 함께 대처하기 위해서 이 문제에 대해 이야기할 기회를 열어두어야 한다. 부부 양쪽이 여유로운 시간에, 열린 태도로 비난이 아닌 질문을 주고받기 바란다. 각자 자녀 교육에서 중요하다고 생각하는 부분을 말하고, 두 사람이 불일치하는 문제가 있으면 상대방의 의견을 경청하기 바란다.

이처럼 불일치를 조율하는 과정에서 서로 다른 의견을 주고받으면 그 속에서 의미를 얻고 아이 문제를 해결할 방법을 발견하게 되기도 한다. 무엇이 중요한가(혹은 무엇이 중요하지 않은가)? 나는 우리 부부의 가사 분담 방식에 만족하는가? 나는 어떤 책임을 기꺼운 마음으로 감당하고, 어떤 책임이 부담스러운가? 육아를 담당하며 어떤 유형의 가사나 책임에서 더 많은 지원을 받고 싶은가? 부부가 한걸음 나아가기 위해서 육아와 관련된 대립을 어떻게 해결해야 할까?

부부의 교육관 조율하기

협력적 육아의 첫 번째 측면은 교육 문제 혹은 교육적 가치에 대해 부부 두 사람이 합의를 이루는 것이다. 두 사람은 서로 다른 가정에서 양육되었으며 서로 다른 환경에서 교육받았다. 그러므로 전적으로 같은 교육관을 갖지 못하는 것은 당연하다. 중요한 것, 중요하지 않은 것, 아이에게 좋은 것, 가장 주의를 기울여야 하는 문제가 다 다를 것이다. 예를 들어, 나는 우리 아이들이 혼자서 문제를 해결할 줄 아는 능력을 배우는 것이 가장 중요하다고 생각한다. 그래서 아이가 뭔가 하려고 할 때 너무 많은 것을 해주지 않는 게 (아이들이 문제를 스스로 해결하려고 노력하도록 자리를 뜨기도 한다) 당연하다고 생각하고, 스카우트 같은 청소년 단체에 참여하도록 등록시킨다. 그런데 반대로 나와 육아를 함께하는 남편은 아이가 경쟁력을 갖추고, 참여한 활동에서 성취를 이루는 것이 중요하다고 생각한다. 그는 아이가 숙제를 잘해내도록 필요한 도움을 주는 게 맞다고 보고, 아이를 스포츠 클럽에 등록시킨다. 정기적 시합에 참가할 수 있는 스포츠 활동을 통해 아이의 성과를 측정하는 게 필요하다고 생각하기 때문이다(물론 내가 등록시킨 청소년 단체는 여기에 해당되지 않는다).

이런 경우, 아이의 교육을 둘러싸고 두 사람은 반복적인 불일치를 겪는다. 한쪽은 아이가 어려움을 겪는데도 시간을 들여 도와주지 않는다며 상대를 비판한다. 다른 쪽은 상대방이 아이를 과잉보호하고 아이가 혼자서 문제를 해결하지 못하게 만든다며 비판한다. 과외활동을 둘러싼 불일치는 말할 것도 없다. 이는 부모 각자가 아이를 위해 무엇을 우선으로 하느냐의 문제다. 그러므로 자신의 고유한 교육적 가치를 열어놓고 의견을 조율하는 것이 필요하다. 이런 시간을 통해 자기 자신의 중요한 가치를 이해하게 되고 부부 공동의 관심사, 즉 아이의 행복과 최선의 발달이라는 목표를 발견하게 된다. 아이를 위한 공동의 이해는 부모가 서로에게 다가가도록 도와준다. 심지어 부모가 따로 사는 상황에서도 그렇다. 아이의 욕구를 위해 공유한 관심은 부부 공통의 원칙이 된다.

가사 분담

가사 분담은 부모가 아이의 교육을 위해 처리해야 하는 일을 분배하는 방식이다. 아이 옷 세탁하기·목욕시키기 같은 돌봄의 가사 영역, 숙제 도와주기 같은 공부 영역, 과외활동 등록하기 같은 재정 영역, 규칙 가르쳐주기 같은 교육 영역의 책임이 포함된다. 부모가 각각 분배해야 할 업무는 수도 없이 많다. 이런 역할 분배는 종종 은연중에 이루어지기도 한다. 일단 부모가 되고 나면 두 사람 모두 의자에 앉아 있을 시간도 없다. 할 일 리스트 작성하기, 각자의 업무 일정에 따라 적절하고 수용 가능한 방식으로 이 리스트를 다시 분배하기 같은 데 시간을 들일 여유가 없는 것이다.

게다가 이러한 가사 분담은 그동안 대부분 사회적 기준을 토대로, 성 역할에 따라 이루어져 왔다. 예를 들어 세탁은 일반적으로 여자가 맡는 일로 여겨졌다. 여성이 이런 일을 떠안는 것은 너무나 당연했고, 그에 대해 별다른 논의를 하지도 않았다. 그동안 어머니가 아이 옷을 세탁했다는 이유로 말이다.

부모의 능력에 따라 가사를 분배하는 경우도 있다. 교사로 일하는 부모는 자기가 아이의 숙제를 도와주는 게 맞다고 생각한다. 리더십이 있는 편이라 아이에게 규칙을 가르쳐주는 걸 더 편안하게 받아들이는 부모도 있다. 가사를 분담할 때는 먼저 생각해야 할 것이 있다. 부모 각자가 자신이 맡은 책임을 스스로 잘해내고 있다고 느끼는 것, 다른 배우자에게 그에 대해 인정받고 있다고 느끼는 것이 중요하다.

또한, 부모 양쪽이 정당하다고 느끼는 방식으로 일이 분배되어야 한다. 한쪽이 이로 인한 좌절감을 느껴서는 안 된다. 그런데 일부 가정에서는 부모 역할과 연결된 업무가 한쪽 부모에게 치우치기도 한다. 그것은 둘 중 한 사람이 가사에 거의 관여하지 않아서이기도 하고, 다른 배우자와 책임을 나누려고 하지 않아서이기도 하다. 실제로 어떤 부모는(특히 엄마들이) 아이 일에 너무 집착하는 바람에 부모의 모든 역할을 떠안는 경우도 있다. 배우자가 부모 역할에 제대로 참여하고 수행할 수 있도록, 가사를 독점하지 말고 일부를 넘겨주자. 적당한 역할 분배는 피로감에 탈진에 이르거나 번아웃에 빠지지 않기 위해 꼭 필요하다.

그러므로 협력적 육아를 긍정적으로 끌고 가기 위해서는 어느 정도 융통성을 발휘해야 한다. 앞서 설명한 것처럼 가사 분담은 가정 내 변화나(예를 들면 업무 일정 변경 혹은 업무 시간의 변화), 부모 각자의 변화(예를 들어 한쪽 부모가 너무 과중한 업무로 피곤한 시기에는 다른 부모가 어느 정도 일을 더 맡아준다든지 하는 식으로)에 따라 주기적으로 다시 검토해야 한다. 한 사람만 압박감을 느끼지 않는지, 부모 각자의 욕구가 무엇인지 주기적으로 검토하는 일은 쉽지 않지만 제대로 이루어져야 한다. 이처럼 욕구를 들여다보며 열린 마음으로 소통할 때 협력적 육아 시스템은 계속 변화하고 조정될 수 있을 것이다.

지지하는 습관

협력적 육아의 세 번째 측면은 부모 사이의 지지와 적의다. 자신과 함께 육아에 참여하는 배우자를 지지한다는 의미는 곧 배우자의 교육 결정과 실천을 인정한다는 말이다. 예를 들면 엄마가 잘못된 행동을 한 아이를 혼내고 있을 때, 막 퇴근한 아빠가 "네가 똑같은 일을 할 경우 아빠도 마찬가지로 그 행동에 동의하지 않을 거야"라고 말해줄 수 있다. 혹은 하루 종일 집에 있어 심심해하는 아이에게 아빠가 나가서 바람 쐬고 오자고 할 때, 엄마가 나가서 이러저러한 활동을 하고 오라고 아이디어를 주는 식으로 힘을 실어준다. 이러한 행동 방식은 협력적 육아의 훌륭한 예시이다.

어떤 부부의 경우, 지지가 적의로 변하기도 한다. 이런 적의는 무의식적으로 나타난다. 부모가 자신이 한 말이나 행동의 영향력을 모르는 경우도 많기 때문이다. 이들은 배우자의 교육적 결정이나 실천을 인정해주는 대신, 그와 반대되는 이야기를 하거나, 빈정거리는 말을 덧붙이거나 배우자를 비방함으로써 부모로서의 권위를 무너뜨린다. 예를 들어, 엄마가 청소년인 아들에게 숙제를 날림으로 해치우지 말고 성실히 하라고 계속 요구하는데, 아빠가 아이 앞에서 부인에게 이런 말을 하는 경우가 있다. "당신은 저 나이 때 그렇게 뭐든지 열심히 했어?" 혹은, 아빠가 아들에게 친구와 공원에 놀러 나가기 전에 장난감을 정리하라고 요구하는데, 엄마는 아이에게 자기가 정리할 테니 그냥 지금 나가라고 말하는 것도 마찬가지다. 부모가 아이를 위해 좋은 의도로 한 것일지라도 이러한 행동 방식은 협력적 육아를 '깨뜨리는 것'이다. 한쪽 부모가 아이에게 화를 낼 때 다른 부모가 아이에게 변명거리를 찾아주면서 "얘가 일부러 그랬을 리가 없어요"라고 사건을 축소시키는 행동도 마찬가지다. 이런 상황이 흔한 것 같아도, 이렇게 사소한 말 한 마디가 협력적 육아를 놀라울 정도로 무력화시킨다. 물론 배우자의 요구나 체벌이 과하다고 생각해 자신의 의견을 표현한 것이라고 생각하겠지만 결과적으로는 도움이 안 된다. 명백한 학대를 목격한 경우가 아니라면, 지적은 항상 아이가 안 보이는 곳에서 해야 한다.

지지와 적의(무의식적인 것이라 해도)는 언제나 부모 각자가 스스로에게 갖는 이미지(자아상), 자녀 교육에 대해 느끼는 유능감, 부모와 자녀의 관계에 엄청난 영향을 미친다. 번아웃에 관해 말하자면, 부모로서의 권위가 망가졌다는 사실을 마주하는 것은 당사자에게 매우 해롭다. 상대가 빈정거리며 망가진 권위를 다시 강조하기라도 하면 최악의 상황으로 이어진다. 이때 비난의 대상이 된 부모는 탈진과 포화 및 즐거움 상실의 수순을 밟게 된다.

가족 간 상호작용 관리하기

협력적 육아의 마지막 측면은 가족 간 상호작용을 관리하는 것이다. 부모가 교육과 자녀에 관한 주제를 놓고 서로 대립하는 것은 피할 수 없는 일이다. 건설적인 방식으로 대립이 해결되었을 때 이러한 충돌은 긍정적인 결과로 이어지기도 한다. 부모 각자가 자기 의견을 제시하고 상대의 의견을 들을 수 있기 때문이다. 서로의 의견이 부분적으로 섞이고 보완되면서 해결책을 발견할 수도 있다. 반면 갈등이 해결되지 않거나 부모 중 한쪽의 관점이 우선시되는 방향으로 정리되면 이 갈등은 부정적인 흔적을 남긴다. 아이 앞에서 대립이 일어났을 때 그 영향력은 증폭되기도 한다. 협력적 육아의 관건은 바로 이것이다. 아이 앞에서 충돌하지 않으면서 어떻게 가족 간 대립을 관리할 것인가?

부모 역할을 하며 발생하는 충돌은 아이가 없는 데에서 다루어야 한다(그리고 가능한 빨리 해결되어야 한다). 이를 위해서 부부는 둘만의 시간을 갖고, 서로 열린 자세로 질문을 나누고 서로 다른 관점을 주고받을 필요가 있다. 이러한 접근에는 두 가지 이점이 있다. 아이를 보호한다는 것과, 의견 충돌에 이르기까지 시간을 벌어준다는 점이다. 덕분에 부모 두 사람은 더욱 차분한 자세로 문제 해결에 접근하게 된다.

어떤 부모에게는 이러한 균형을 찾는 것이 불가능하다. 의견 충돌이 가족의 일상을 위협할 정도로 심각해지고, 심지어 아이가 부모 한쪽과 동맹을 맺어야 하는 상황이 된다("너희 아빠가/엄마가 뭐라고 말하는지 봤지!"). 이때 아이는 부모 한쪽의 편을 들거나 '엄마/아빠를 지켜줘야' 한다는 압박에 시달리게 된다. 아이를 보호하는 것이 부모의 역할인데 거꾸로 아이가 자기 부모를 보호해야 하는 상황에 이른다. 역할이 역전된 것이다. 동맹이 극단적으로 흐르면 아이가 한쪽 부모에게서 멀어지는 일이 일어난다. 다른 부모를 소외시키는 일, 그것은 말 그대로 그와 아이를 '남남으로 만드는 것' 이다. 즉 아이 앞에서 배우자를 거듭 비난함으로써 아이와 배우자를 갈라놓는 일을 벌이는 것이다. 동맹의 부정적 효과는 아이에게 일어날 뿐 아니라(아이는 부모 둘 중 한쪽과 관계를 잃게 되고, 부모의 갈등의 중심에 자신이 있다는 죄책감에 자주 시달린다), 가족의 활발한 관계에서 배제된 배우자에게도 일어난다. 심지어 동맹을 시도한 사람에게조차 영향을 미친다(협력적 육아와 부모-자식 간 관계를 망가뜨린 사람이 바로 자신이기 때문이다).

놀이로 다지는 협력적 육아

협력적 육아에 대해 부부가 터놓고 이야기를 나누려면 어떻게 해야 할까? 교육에 대한 의견 일치, 가사 분담, 가족 간 원활한 상호작용을 위해서는 어떻게 해야 할까? 일상생활에서 자연스럽게, 자발적으로 이러한 시간을 만들기는 어렵다. 이미 화목하게 지내는 부부 사이에서나 가능한 일이다. 이럴 때 '제삼자'의 개입은 도움이 된다. 꼭 부부 상담을 받으라는 이야기는 아니다. 물론 어떤 경우에는 그 방법이 가장 적합한 해결책이다.

실내 게임(보드 게임)과 카드놀이 형태의 몇 가지 도구를 소개한다. 부부나 친구 사이에서 함께 즐길 수 있는 게임으로, 흥미로운 분위기에서 진행되기만 한다면 협력적 육아에 참여하는 부모가 다 각도로 의견을 교류하도록 도와준다. 물론 기본적인 규칙을 참가자 들이 준수할 경우에 해당된다. 이 원칙은 바로 참가자 전원이 다른 참가자를 비방하거나 비난해서는 안 된다는 점이다!

· 파랑 앙 주^{Parents en jeu}(게임하는 부모) 게임[25]은 보드 게임의 일종이다. 다섯 시리즈로 된 36장의 카드에는 폭력, 소통, 권위, 존 중이라는 주제가 적혀 있다. 각 주제는 색깔과 로고로 구별된다. 게 임의 목표는 부모 사이에 곰곰이 생각하는 시간을 주고 부모-자녀 관계에 대해 의견을 나누는 것이다. 네 명의 참가자가 네 가지 말을 가지고 게임을 시작한다. 아이가 있는 친구들과 게임을 하고 싶다 면 네 팀의 부모가 참여할 수 있다(다른 집은 협력적 육아를 어떤 방식으 로 실천하고 있는지 다른 부모의 경험담을 듣는 것은 유익한 시간이 될 것이 다). 이 게임은 흉내내기, 그림, 금지어, 말풍선, 수수께끼, 진실게임 처럼 흥미로운 방식을 통해 주제에 접근하게 돕는다.

· 파롤 드 파랑^{Paroles de parents}(부모의 말) 게임[26]은 부모가 아 이에 관한 관심사를 교환하는 카드게임이다. 이 게임은 특별히 부 모 각자의 능력과 자원을 인식할 수 있도록 만들어졌다(특히 가사 분 담을 탁월하게 하도록 도와준다). 또한 부모가 각자의 역할에서 가치를 찾도록 이끌어주는 효과가 있다. 이 게임은 연령에 따라 유아용, 아 동용, 청소년용으로 나뉜다(0~3세, 3~11세, 청소년). 카드는 총 110장

이다. '상황으로 들어가기' 카드 30장, '당신의 생각은?' 카드 30장, '부모의 말' 카드 30장, '자원' 카드 20장이다. 게임은 개인별로 혹은 팀을 짜서 즐길 수 있다. 게임 진행자를 정해, 아이가 있는 부모가 게임에 참여할 경우 재미있게 분위기를 유도해주면 좋다.

- 펠릭스, 보리스, 조에와 당신의 것들 Félix, Boris, Zoé et les vôtres 게임[27]은 부모의 교육적 행동에 대해 고찰할 수 있도록 고안된 게임이다. 참가자는 자신이 그간 해온 실천을 이야기하고, 공동 부모의 경험을 듣기도 하는데(친구 사이에서 게임을 할 경우에는 다른 부모의 경험), 이를 통해 긍정적 부모 역할을 할 수 있는 다양한 가능성을 돌아볼 수 있다. 부모를 지지하고, 그들이 자녀 교육에 있어 본인의 능력을 의심하지 않고 자신감을 갖도록 격려해준다. 협력적 육아의 관점에서, 이 게임은 부부가 '좋은' 부모로서 상호 신뢰를 회복하도록 도와준다. 이 보드 게임에 들어 있는 질문 카드 180장에는 가족 외적인 관계, 학교 및 유아원, 병원에서의 인간관계와 상황, 아이의 발달과 안전을 다루는 질문이 적혀 있다.

11장

아이와의 관계
개선하기

부모 역할의 균형을 회복하고 더 나아가 보호 요인을 충분히 확보하기 위해서는 부모와 아이의 관계를 집중적으로 돌보는 것이 효과적이다. 실제로 부모가 자녀와 맺는 관계는 변화의 폭이 큰 요인으로 어느 정도 관리가 가능하며, 잘 관리할수록 부모의 만족도가 높아진다. 이번 장에서는 자녀와의 관계 개선을 위한 구체적 방법을 제안한다. 수고에 비해 월등한 효과를 기대할 수 있다. 우리의 제안은 아이와의 관계를 개선하는 일에 완전히 몰입하되, 부모의 긍정적인 행동이 아이의 긍정적 행동을 불러일으키도록 자극을 주는 것이다.

부모 번아웃을 극복하거나 예방하기 위해서는 다양한 요인 가운데 나에게 지대한 영향을 미치는 요인을 선택하는 편이 좋다고 앞서 말했다. 아이와의 관계는 부모 번아웃 증후군에 가장 큰 영향을 미치는 요인이다. 자식과의 관계가 부정적으로 치달았을 때 아무렇지 않을 부모가 어디 있겠는가? 아이와 긴장 관계에 놓여 있을 때 동요하지 않을 부모가 어디 있겠는가? 무조건적인 부모의 사랑과 아이의 거부로 인한 양면적인 감정을 겪으면서 어떻게 고통스럽지 않겠는가? 결국 어떻게 하면 부모-자녀 관계가 선순환을 이룰 수 있는지 먼저 검토해야 한다. 자녀와 긍정적인 관계를 구축하려면 기존의 부모 역할에 새로운 의미를 부여해야 하기 때문이다.

구체적으로 어디서부터 시작해야 할까?

우선 '부모의 자아상 돌보기'와 '아이와의 관계 개선' 두 가지를 생각해볼 수 있다. 전자는 부모 자신의 머릿속 생각의 지배를 받으며, 후자는 자녀를 대하는 행동의 지배를 받는다. 이 두 가지는 보완적이다. 실제로 부모가 자아상, 즉 부모로서의 자신을 어떻게 생각하는가 하는 점은(나는 어떤 유형의 부모인가? 혹은 나는 어떤 종류의 부모이기를 원하는가? 나는 우리 아이에게 '좋은' 부모인가? 부모 역할을 수행하는 내 방식에 자부심이 있는가?), 부모로서 행동하는 방식에 상당한 영향을 미친다(나는 아이에게 어떻게 말을 거는가? 아이의 규율을 어떻게 정하며, 어떤 방식으로 이를 따르게 하는가? 아이에게만 온전히 집중하는 시간은 언제인가?). 이렇게 머릿속 생각을 검토하는 예비 단계 후에 내 행동을 어떤 방식으로 수정할 것인지 자문하는 첫 번째 단계에 이른다. 어떤 경우에는, 자신의 생각을 검토하는 과정을 통해 자연스럽게 행동에 긍정적인 변화가 일어나기도 한다. 두 번째 단계는 이로 인해 변화가 촉진되거나, 아무 변화 없이 헛된 노력으로 끝나거나 둘 중 하나로 진행된다.

　우리의 논지를 예시를 들어 설명하겠다. 아이를 훈육시키는 일에 있어서 자기 능력을 결코 신뢰하지 못하는 부모들이 있다. 이들은 자신의 기대대로 아이가 따르지 않을 거라고 생각하여 걱정에 휩싸인다. 아이의 반응에 대해서도 두려워한다. '아이가 반발하지 않을까? 화를 내지 않을까?' 이처럼 자신감이 부족한 부모가 강제적이거나 엄격한 행동, 과도하게 통제하는 행동을 보이는 것은 흔한 일이다. 아이가 자신을 따르지 않을까 봐 두려워하므로 지나칠 정도로 자기 요구를 관철시키려고 애를 쓴다. 따라서 자신의 위치를 엄격하게 설정하고, 방어적인 방식으로 아이와 관계를 맺는다. 이러한 예는 부모의 역할에 대한 생각과 믿음이 교육적 행동과, 더 나아가 아이와의 관계와 얼마나 밀접하게 연결되어 있는지 보여준다. 또한 생각의 변화가 일어나면 자녀와의 관계가 개선되리라는 것도 쉽게 유추할 수 있다.

　거꾸로 말하면, 생각의 변화 없이는 부모가 아이를 향한 행동을 변화시키는 것은 불가능하며 아이와의 관계 개선도 불가능하다. 그러므로 자신의 생각을 검토하는 것, 특히 부모로서의 자신을 어떻게 생각하는지 검토하는 것이 가장 우선적인 단계가 되어야 한다.

부모의 자아상 돌보기

번아웃으로 고통받는 부모들의 가장 큰 공통점은 부모로서 자신을 바라보는 부정적 자아상을 가졌다는 것이다. 부모의 자아상은 좋은 부모로서 아이에게 해야 하는 것과 하지 않아야 하는 것에 대한 다양한 생각과 신념, 믿음, 아이를 향해 부모가 마땅히 느껴야 한다고 생각하는 감정, 그가 감정을 표현하는 방식으로 이루어진다. 번아웃으로 고통스러워하는 부모는 자신에 대한 부정적 사고와 신념을 오랫동안 키워왔다. 이들은 스스로를 자기 역할을 제대로 완수하지 못하고, 그들이 응당 해야 하는 책임에 걸맞지 않은 나쁜 부모라고 여긴다.

일단 부정적 자아상이 형성되면 '부모의 일'에 착수하는 것이 불가능해진다. 실제로 우리는 아무리 노력해도 어떤 일을 성공시킬 수 없다고 느낄 때, 그 일을 시작하지 않는다. 이는 자기 자신을 보호하려는 방어기제이다. 만일 내가 어떤 장애물을 뛰어넘을 수 없다면 느낀다면, 쓰라린 실패를 마주하지 않으려고, 실패할 게 분명한 일에 내 힘을 낭비하지 않으려고 이를 시도조차 않을 것이다. 이 것은 학교 공부를 중단하거나 포기한 학생들에게서 나타나는 것과 정확히 동일한 패턴이다. 이런 학생은 스스로를 학교에서 무능력한 존재라고 느끼기 때문에 학교 공부에 참여하지 않는다. 실패의 길로 들어갈수록 시도하지 않으려고 하고, 학교라는 현실에서 멀리 떨어져 있으려고 한다. 부모 역시 이런 사고·행동 방식에서 벗어나지 않는다. 자신이 엄마/아빠로서 마땅히 해야 할 바를 하지 못한다고 확신하는 순간, 아이를 돌봐야 하는 상황에서 손을 떼고 회피한다. 자신이 뭘 하든 어차피 그 일은 실패하게 될 거라고 생각하기 때문이다. 이러한 상황에서 부모가 아이의 문제 해결에 다시 참여하고, 엄마/아빠 역할의 즐거움을 회복하도록 만들려면 부모의 자아상을 돌보는 것이 필수적이다.

부모 자아상의 네 가지 근원

이러한 부모에게서 어떤 일이 일어나는지 이해하려면, 자아상이 어떤 과정을 거쳐 형성되는지 살펴보아야 한다. 현실에서 부모의 자아상을 돌보기 위해, 자아상 형성에 영향을 미치는 네 가지 요인을 점검해볼 필요가 있다.

첫째, 자아상은 '과거의 경험'에서 기인하는데, 여기에는 실패의 경험과 성공의 경험이 모두 포함된다. '부모 되기' 분야에서 과거의 경험이란, 부모가 아이와 맺은 관계, 아이와 즐겁게 주고받은 경험과(예를 들면, 아이에게 물건을 정리하라고 했을 때 아이가 잘 따라준 일, 유도 수업이 끝난 후 부모를 발견하고 행복해하던 표정, 학교에서 있었던 일을 부모에게 들려주는 순간······) 부모와 아이의 관계가 팽팽한 긴장을 이룬 경험(예를 들면, 식탁을 정리하라는 요구를 아이가 거부했던 일, 학교에 아이를 찾으러 갔을 때 아이가 본체만체 인사도 안 했던 일, 아이가 친구와 헤어지기 싫어서 부모가 완력으로 둘을 떨어뜨려 놓은 일, 차를 타고 집으로 돌아오는 내내 아이가 부루퉁해서 앉아 있던 모습……)을 말한다. 부정적인 경험의 누적은(긍정적인 경험들이 있음에도), 부모의 자아상을 망가뜨리는 역할을 한다. 그리고 자신은 '좋은' 부모가 되지 못한다는 결론에 이른다. 내가 아이를 아무리 사랑하고 아이에게 헌신해도 아이 앞에서 주기적으로 실패를 경험했기 때문이다.

이러한 부정적 사고는 한번 형성되고 나면 계속 강화된다. 우리의 관심은 부정적 경험에 너무 이끌린 나머지 일종의 편향이 생긴다. 긍정적 경험보다 부정적 경험에 더 신경을 쏟고 그 결과를 과장하여 생각하는 경향 때문이다. 예를 들면 아이가 욕조에서 놀이를 한 다음에 바로 나오는 걸 거부한다고 하자. 엄마는 욕조에 들어가기 전 아이가 30분간 장난감을 가지고 얌전히 놀았다는 사실은 잊어버리고, 아이가 욕조에서 나오지 않으려고 한 사실만 내내 생각한다. 저녁을 먹으며 엄마는 배우자에게 아무 생각 없이 '아이가 또 엄마를 힘들게 했다'고 말할 것이다. 아이가 잘한 경험은 그냥 넘겨버린 채 말이다. 이런 편향으로 인해 부모는 부정적 자아상을 더욱 굳히게 된다. 실제로 우리는 기존의 생각을 뒷받침하는 정보를, 생각을 되짚어보게 하는 정보보다 훨씬 쉽게 받아들인다. 본인의 부모 역할에 부정적 자아상을 품고 있는 사람이라면, 자신이 부정적 경험에 주목하고 긍정적 경험은 예외처럼 소홀히 지나갔다는 걸 이해할 것이다. 이제 이러한 악순환에 빠진 부모가 왜 아이와 나눈 행복한 순간을 기억하는 데 어려움을 겪는지 알 수 있을 것이다.

둘째, 자존감은 '사회적 비교 의식'에서 비롯된다. 다시 말해 본인의 상황과 주변에서 비슷한 삶을 살고 있는 이들의 상황을 비교하는 것을 말한다. 예를 들어, 내가 초등학교에 다니는 아들 셋을 키우는 엄마라면, 주변에서 그런 엄마들이나 아이들 하굣길에 만나는 엄마들, 일요일 아침마다 구립 수영장에서 만나는 엄마들, 그중 가족 구성이 나와 비슷한 엄마들과 자신을 비교할 것이다. 그 엄마의 상황이 나와 비슷하면 비슷할수록, 비교 의식은 나의 자아상에 큰 영향을 미친다.

부모는 이러한 비교를 통해 다른 이들과의 관계에서 자신이 어디쯤 있는지 위치를 가늠하려고 한다. 비슷한 환경의 다른 부모들에 비해서 나는 문제를 잘 해결하는 편인가, 그렇지 않은가(예를 들면 그 사람의 아이가 수영장 탈의실에서 옷을 갈아입기 싫어서 소리를 질렀나)? 다른 부모들의 경우 갈등 상황이 더 심한가, 그렇지 않은가? 나와 비슷한 다른 부모들은 아이 문제를 좀 더 수월하게 해결하는가? 아니면 나와 마찬가지로 어려움을 겪고 있는가? 만일 내가 비교 대상으로 삼은 다른 부모가 나보다 잘하고 있지 않은 것처럼 보이면, 비교 의식은 오히려 나에게 긍정적으로 작용하기도 한다. 반대로 다른 부모가 잘해내고 있는 것처럼 보이면 비교를 거듭할수록 자신에게 해롭다. 예를 들면, 마트에서 내 아이가 화를 내고 소리를 지르는 걸 제어하지 못하고 있다고 하자. 카트에 얌전히 앉아 있는 아이를 데리고 있는 다른 부모의 존재는 나의 자아상을 해치는 역할을 할 것이다. 반대로, 우리 아이가 모범생에 속하고 선생님이 종종 아이가 얼마나 의젓한지 모른다며 아이의 행동을 칭찬해준다고 하자. 같은 반의 어떤 부모가 소란을 피운 아이 때문에 선생님에게 불려간다는 걸 알게 되면 사회적 비교 의식은 나에게 긍정적으로 작용한다. 나는 스스로를 좋은 엄마(혹은 아빠)라고 생각하면서 학부모 모임에 참석할 것이다.

사회적 비교 의식은 무의식적인 방식으로 일어난다. 안 하려고 해도 뜻대로 되지 않는다. 아이를 가진 친구들, 나와 비슷한 나이의 형제자매들이 우선 비교 대상이 된다. 바로 이러한 이유로 가족 모임이나 친구들과의 식사 모임에서 아이와 있었던 일에 대한 불꽃 튀는 토론이 주를 이루는 것이다.

셋째로, 자아상은 내 부모 역할에 대해 주변에서 받는 피드백의 결과물이다. 내가 아이를 양육하는 방식, 어떤 문제에 대응하는 방식, 아이를 위해 결정한 선택을 두고 주기적으로 여러 말이 들려온다. 이러한 피드백은 배우자, 아이의 조부모, 친구들, 아이의 학교 선생님, 운동 코치, 심지어 알지 못하는 사람한테서도 들을 수 있다. 예를 들어, 밥을 안 먹는 아이를 나무란 뒤에 배우자가 이렇게 말한다. "당신 너무 심하네. 당신이 그렇게 예민하게 군다고 아이가 밥을 먹는 건 아니잖아!" 혹은 반대로 이런 말을 할 수도 있다. "밥을 먹이는 게 진짜 힘든 거 알아. 아이의 주의를 돌리려고 당신은 할 수 있는 건 다 했어." 아이를 데리러 학교에 갔을 때 학교 선생님이 이렇게 말할 수도 있다. "앙투안이 우리 반이어서 얼마나 좋은지 몰라요! 앙투안은 언제나 웃고 있답니다!" 혹은 반대의 피드백을 들을 수도 있다. "오늘 앙투안 때문에 좀 고생을 했답니다. 선생님 지시를 제대로 이해를 못 하더라고요. 그래서 벌을 내려야 했어요!" 우리는 또한 비언어적인 피드백도 받는다. 마트에서 마주친 낯선 사람들이 부모 옆에 얌전히 붙어 있는 아이를 바라보며 감동했다는 듯이 미소를 보이는 것도 그중 하나다. 이들은 아이가 마트 안에서 얌전히 있지 않고 진열대 사이를 뛰어다니며 시끄럽게 할 경우 부모를 비난하는 듯한 냉정한 시선을 보낼 수 있다.

이런 피드백을 통해 다른 사람들이 나를 어떤 엄마 혹은 아빠로 보고 있는지 투명하게 드러난다. 부모의 자아상은 타인의 시선과 판단을 양분으로 삼는다. 내가 인정하는 어떤 사람이 나를 걱정하며 피드백을 줄 경우 그 영향력은 훨씬 커진다. 그 사람 역시 부모이거나(그는 자신이 무슨 말을 하는지 알고 있다!) 전문가이기 때문에 (예를 들어 교육 전문가나 어린 시절 전문가) 피드백을 할 만한 자격이 있다고 생각하는 것이다. 내가 좋은 부모라고 배우자가 인정해주는 것은 좋은 자아상을 형성하는 데 지대한 영향력을 미친다. 내가 조언을 구하는 아이의 조부모, 학교 선생님들, 심리 상담사가 보내는 피드백도 마찬가지이다. 반면 우연히 만난 사람이나 결혼하지 않은 사람에게 받는 피드백은 영향력이 덜하다.

결국, 부모의 자아상이란 열심히 부모 역할을 하는 상황에서 느낀 '생리적 감각과 감정'의 결과이다. 실제 우리는 무의식적으로 경험을 통해 앞으로의 일을 예측하고, 이에 따라 다양한 감정을 느낀다. 예를 들어, 열흘간 캠핑을 갔다 돌아온 아이를 보면 기쁘고 사랑이 넘치는 재회를 기대한다. 아이와 다시 만나기 십분 전 혹은 몇 시간 전부터 우리는 기분 좋은 생리적 반응, 나팔소리처럼 커지는 심장 박동, 웃거나 설레는 감정 같은 긍정적인 감정을 경험한다. 반대로, 부정적 방식으로 부모의 상황을 예측하는 경우도 있다. 예를 들어 아이의 목욕 시간을 두려워하는 부모도 있을 수 있다. 아이가 목욕할 때마다 말을 안 듣고 장난치고 엄마 말에 반발하기 때문이다. 목욕 시간이 다가오면 부모는 불쾌한 생리적 감각을 경험한다. 마음이 무겁고 땀이 나고 신경이 곤두선다.

이러한 감각은 우리가 상황을 통제할 수 있다고 느끼는 방식에 영향을 미친다. 감정적 예측은 우리의 정신 상태가 상황에 더 잘 대응하도록 만드는 촉매제가 되거나, 잘못 대응하도록 만드는 방해물이 된다. 처음에 든 예시에서, 긍정적 예측은 우리로 하여금 아이를 두 팔 벌려 환영하고 활짝 미소 지으며 맞이하게 했다. 아이와 만났을 때 비언어적인 방식으로 기쁨을 전달한 것이다. 반면 두 번째 예시에서 부정적 예측은 우리를 경계하도록 만든다. 까딱 잘못하면 실수할 거라고 생각해서 방어적으로 행동할 것이고, 지나친 방식으로 아이를 틀에 가두려고 할 것이다. 이미 은밀하게 활성화된 부모의 감정 상태는 한 치의 실수라도 하지 않으려고 긴장한다. 다른 경우에도 예측은 상황이 긍정적 혹은 부정적 기대에 따라 흘러가도록 작동한다. 그러면 우리는 이런 감정이 드는 데에는 다 이유가 있다고 생각을 더욱 굳힌다. 이렇게 감정은 강화되고 악순환(혹은 선순환)이 시작된다.

번아웃이 온 부모의 경우, 부모 역할을 긍정적 감정과 연결시킨 경우가 별로 없었다. 부정적 감정과 생리적 반응을 그대로 드러내며, 이로 인해 아이와 맺는 관계는 더욱 악화된다. 이런 와중에 미디어와 주변 지인들은 부모가 되는 일을 가장 성숙해지는 경험으로 묘사한다. 실망이나 좌절, 분노 같은 부정적 감정에 휩싸인 부모, 번아웃에 빠진 부모는 미디어에서 잘 보이지 않는다. 이러한 환경에서 부모는 자신이 겪은 감정을 수치스럽게 생각하고 죄책감을 갖게 된다.

아이와의 긍정적 경험 떠올리기

부모의 자아상을 돌보기 위해서는 아이와 함께한 긍정적 경험을 기억해내야 한다. 물론 번아웃 증후군에 빠진 부모들은 견디기 힘든 상황의 악순환을 지나왔으므로, 그들이 기억하는 한 긍정적 순간이 없다고 생각할 것이다. 그러므로 지나간 순간에서 행복했던 기억을 떠올리는 방법을 다시 익히는 것부터 시작해야 한다. 아이와의 관계가 평온했던 소소한 순간들조차 우리 뇌가 기억해내도록 연습할 필요가 있다.

· 부모 일지 기록하기

첫 번째 방법은 날마다 잠자기 전에 일지를 쓰는 것이다. 일지를 매일 쓰는 습관을 들이고, 시간이 날 때마다 기록한다(단, 요리를 하거나 아이의 숙제를 봐주거나 텔레비전을 볼 때는 제외한다). 언제나 일지에 무슨 일을 작성할지 머릿속으로 구상하자. 그래야 경험한 일들이 뇌에 잘 새겨진다. '오늘 일지에 무슨 이야기를 쓸까?'라고 매일 스스로 질문하면, 부모는 머릿속으로 그날 일어난 일을 다시 떠올려볼 것이고, 아이와의 관계가 좋았던 기억 혹은 적어도 아무 일 없이 평화로웠던 상황을 찾아낼 수 있을 것이다. 일지에는 "오늘 토마는 학교에서 나와서 나에게 먼저 인사를 하고 볼 뽀뽀를 해주었다" 같이 일화를 기록하거나, "오늘 우리는 10분간 차에서 수수께끼 놀이를 하며 시간을 보냈다. 도로가 꽉 막혀 있는 동안이었다. 재미있었다." 이런 식으로 좀 더 의미를 담아 기록할 수도 있다. 단, 부정적인 일은 적지 않는다.

이렇게 하면 쉽지 않은 하루를 보냈더라도 부모는 일지에 기록한 내용을 읽으면서 긍정적 경험을 떠올릴 수 있고, 부정적 경험의 영향을 축소할 수도 있다. '되는 일이 하나도 없어!'라고 말하며 하루를 마감하려는 유혹에서 해방되는 길이다.

· 아이 일지 기록하기

두 번째 방법은 아이가 스스로 하루를 기록하는 아이 일지를 만드는 것이다. 이 활동은 특히 3세에서 10세 사이의 아동에게 적합하다. 부모는 아이가 부모와 함께 보낸 하루 중 멋진 순간을 발표하거나 기록하도록 이끌어준다. 물론 아이가 일지 쓰기를 스스로 선택하고, 아이가 할 수 있는 만큼만 하도록 한다. 아이는 부모와 함께한 순간 중에서 힘든 기억을 꺼낼 수도 있다. 심지어 부모는 너무 힘들게 기억하는 순간을 아이는 즐거웠다고 기억할 수도 있다. 예를 들어, 아이는 오늘 저녁 엄마와 식사를 준비한 것이 즐거웠다고 일지에 적었다. 사실 엄마의 관점에서는 옆에서 아이가 식사 준비하는 걸 돕게 한 이유가 '그래야 정신없는 와중에도 아이를 감시하기 편해서'일 수도 있다. 이처럼 아이의 관점을 들어보는 일은 매우 흥미롭다. 부모는 이를 통해 많은 것을 알게 된다. 앞의 사례에서, 엄마는 이제 아이에게 식사 준비를 도와달라고 제안한 다음 아이와 함께 즐거운 시간을 보내겠다는(아이를 감시하겠다고 생각하는 대신) 다짐을 할 수도 있다.

아이의 일지는 하루에 한 번 정해진 시간에 기록하도록 한다. 가장 좋은 시간은 잠자리에 들기 전이다. 이를 통해 하루를 긍정적으로 평가하며 마무리할 수 있다. 엄마와 아이는 일지를 주기적으로 다시 읽고, 함께 이야기하고, 주변에 보여주면 더욱 좋다(그들은 긍정적 피드백을 해줄 것이며, 이것은 부모의 자아상 돌봄에 도움이 된다).

이 일지를 반복적으로 활용함으로써 부모는 긍정적 경험이 남긴 기억의 영향은 키우고, 힘든 기억의 영향은 줄일 수 있다. 이렇게 함으로써 관계의 질이 개선되고 부모의 자아상은(더불어 아이의 자아상도) 지지를 받는다.

· 즐거운 순간을 앨범에 담기

아이와 나눈 긍정적 경험을 기억하는 또 다른 방법은, 과거의 경험 가운데 행복한 추억과 좋은 순간을 상기시켜주는 아이 사진을 앨범에 모으는 것이다. 생일날 웃고 있는 아이 사진, 근사한 케이크를 만들고서 자랑스러워하는 모습, 축구팀과 함께 시합을 하고 즐거워하는 모습, 혹은 활짝 미소를 머금은 채 아빠의 무릎에 기대어 있는 사진도 좋다. 이 앨범을 아이와 함께 자주 들여다보고 아이에게 사진을 보여주며 그 순간에 대해 함께 이야기를 나누면 좋다. 앨범을 함께 펼쳐보는 시간을 통해 사진에 관한 긍정적 일화를 떠올리면 자신이 괜찮은 부모라는 생각이 들 것이다.

· 긍정적 행동 저금하기

마지막 활동은 행동 저금통을 만드는 것이다. 이 책 전반에 걸쳐 언급한 것처럼 부모 되기에는 복합적인 문제들이 얽혀 있다. 그러므로 장기 저축과 같은 관점으로 부모 역할을 바라보라고 조언하고 싶다. 부모는 매일 아이를 위한 무언가를 하고, 그것은 언젠가 보상받을 것이다. 그러나 부모가 하는 모든 노력이 바로 확인받고 인정받는 것은 불가능하다. 아이는 부모가 자신을 위해 하는 일을 제대로 이해하지 못하는 것처럼 보인다. 결국 부모는 아무것도 아닌 일에 노력을 쏟아 붓고 있다는 느낌, 부모 역할에 매달린 시간이 어떤 결과로도 돌아오지 않는다는 느낌 때문에 낙담하게 된다.

부모 되기를 상징하는 저금통을 만들어보자. 저금통 안에 매일 동전 몇 개를, 가끔은 지폐 몇 장을 넣는다. 오랜 시간이 지나면 저금의 결실을 맺게 될 것이다. 동전은 일상에서 내가 아이를 위해 한 일 중 덜 중요한 노력을, 지폐는 어느 정도 중요한 일을 뜻한다. 예를 들어보면 이렇다. '오늘 나는 우리 딸의 애착 인형에서 뜯어진 코를 다시 꿰매주었다.' '크레이프를 만들었다.' '우리 아들이 특히나 좋아하는 영화를 시청하는 것을 허락했다(평소엔 리모컨으로 다른 방송을 이리저리 틀어보는 걸 좋아했을 텐데 말이다).' '오늘은 딸아이를 친구 집에서 놀 수 있도록 데려다주려고 업무 시간을 조정했다.' 이렇게 돈이 모인 저금통은 우리가 아이의 행복을 위해 일상적으로 하고 있는 것들을 돋보이게 하고, 그로부터 얻는 이점이 즉각적이지 않다는 점을 상기시켜 부모의 자아상을 돌보는 데 도움이 된다.

나의 경험이 정상적임을 받아들이기

자아상을 돌보는 또 다른 방법은 내 경험과 느낌이 '정상적임을 받아들이는 것'이다. 사회적 비교 의식으로 과하게 고통을 받는 경우가 있는데 이는 주로 비교 대상을 잘못 골랐기 때문이다. 주변에 부모 역할의 균형이 무너지거나 번아웃에 몰린 사람이 전혀 없을 수도 있다. 친한 친구들, 형제자매들과 자신을 비교함으로써 "다른 부모들은 잘해나가고 있어. 나만 빼고 전부 행복하구나!"라는 잘못된 느낌에 시달릴 수도 있다.

실제로는 일정 기간 혹은 결혼 생활 내내 자녀와 갈등을 겪는 부모가 수도 없이 많다. 어떤 어려움 없이 부모로서 '내 할 바'를 다했다고 말하는 부모는 거의 없다. '사회적으로 바람직한 모습'에 맞춰 살다 보니, 자신이 행복하지 않으며, 엄마 혹은 아빠 역할은 스트레스 투성이라고 대놓고 말할 수 없는 것뿐이다. 가정은 내밀한 장소이므로 그런 회의감과 문제를 가족 내부에 숨기는 경우가 많다. 때문에 가정이라는 테두리 바깥에서 보면 다른 집은 모든 게 잘되고 이상적이라는 인상을 받기도 한다.

번아웃을 극복하기 위한 첫 번째 단계는 내가 현재 부모로서의 역할에 만족하고 있지 않으며 그로 인한 스트레스와 소진 때문에 고통스럽다는 사실을 인정하는 것이다. 주변 사람들과 그러한 느낌을 공유하는 과정을 거치고 나면 자신감을 되찾을 수 있다. 같은 어려움을 겪었던 이들이 자신도 회의와 불만족으로 고통스러운 시간을 보냈다고 털어놓기도 한다. 부모 스트레스가 극도로 심했던 타인의 경험담을 들어볼 수도 있다. 이러한 교감은 내가 겪고 있는 경험이 정상적이라고 느끼게 해준다. 그들도 어느 순간 나와 동일한 경험을 했다는 것을 알게 되면 '나만 그런 게 아니구나' 하는 안도감을 느낀다. 그들은 내가 '세상 사람들과 다르지 않다'고 느끼게 해주고 내가 겪은 경험에 덜 비판적인 태도를 보인다.

이러한 교류는 친구들이나 가까운 가족들과 먼저 시작할 수 있다(어떤 사람들과 이야기를 나눌 건지 선택하는 것도 중요하다). 부모 모임에 참여했다가 그런 기회를 얻는 경우도 많다. 이러한 모임은 의료협회나 전문가의 주도로 조직된다. 이들은 모임 참여자가 자신의 경험을 공유하고 본인과 같은 걱정이나 소진을 겪었던 부모를 만나도록 독려한다. 온라인 포럼이나 모임도 종종 찾아볼 수 있다. 부모는 온라인상으로 질문과 경험담을 주고받는다. 가정에서 흔히 겪는 어려움을 조명하는 데 중점을 두는 포럼도 있고, 부모 번아웃에 대해 명확하게 논의하는 자리도 있다.

텔레비전 프로그램은 문제를 너무 가볍게 다룬다는 비판이 있긴 하지만, 부모가 마주치는 문제가 정상적인 것임을 확인하는 데 도움이 된다. 프로그램에 나온 부모들과 자신을 비교할 수 있기 때문이다. 〈우리는 엄마를 교환했다On a échangé nos mamans〉, 〈슈퍼 내니 Super Nanny〉, 〈큰형 파스칼Pascal, le grand frère〉 같은 프로그램은 가정과 부모의 현실을 보여주고, 내가 겪는 일을 상대화하도록 돕는다. 이처럼 가정의 일상을 속속들이 들여다봄으로써, 긴장 관계에 놓인 부모-자식 관계 역시 사춘기 아이와 겪는 문제와 마찬가지로 모두가 거쳐가는 정상적인 것임을 알게 된다. 생생한 경험담 읽기 역시 경험을 상대화하는 데 도움이 된다. 이는 온라인에서도 찾아볼 수 있으며, 스테파니 알레누의 《탈진한 엄마》라는 책에서도 읽어볼 수 있다.

긍정적 피드백을 적극적으로 요청하기

부모가 자아상을 돌볼 때 주변 사람들의 긍정적 피드백을 받는 것도 중요하다. 우리는 주변 사람들에게 도움을 요청해보지만, 그들이 주는 피드백 중 상당수가 부정적인 내용이다. 우리 사회는 잘한 일에 대해서는 별다른 긍정적 피드백이 필요하지 않다고 생각하는 경향이 있다. 반면 타인에 대한 부정적 피드백은 곧바로 이야기한다. 이로 인해 다음과 같은 잘못된 선입견이 생긴다.

- 나와 가까운 사람들은 나의 잘못된 행동만을 주목해서 보고 잘한 일은 보지 않는다는 생각
- 내가 긍정적인 일보다 문제적 행동을 더 하고 있다는 생각

실제 나와 가까운 사람들은 내가 잘한 일들을 지켜보기는 하지만 이에 대해 피드백을 하지 않는 경우가 많다. 부모는 대부분 자기 아이에게 매우 호의적이므로, 아이에게 해가 되는 일보다 긍정적인 일을 더 많이함에도 불구하고 말이다.

긍정적 피드백을 받으려면 적극적으로 이를 찾아다니고 명확

하게 요청해야 한다. 우선 나에게 긍정적 피드백을 줄 만한 주변 사람부터 찾아보자(위선적으로 그런 말을 하는 사람은 제외한다). 혹은 나에게 중요한 사람을 대상으로 해도 된다. 배우자나 부모님 혹은 가까운 친구들에게 물어보자. "우리 아이랑 부모로서의 저를 보고 긍정적인 면이 있으면 말해주실 수 있어요?" 혹은 "○○엄마(아빠)로서 나는 어떻다고 생각해요?" 그 사람이 당신과 아주 가깝다 해도, 이런 종류의 질문을 받으면 상대방은 놀랄 것이다. 실제로 대놓고 이런 요청을 하는 사람은 거의 없기 때문이다. 그는 아마 부모로서 긍정적 피드백을 받고 싶은 당신의 욕구를 인상 깊게 기억하고 관심을 가져줄 것이다. 그리고 아마도 이 일로 인해 그와 당신은 더욱 가까워지게 될 것이다.

이러한 과정에는 다소 시간이 걸린다. 우리는 충분히 긍정적인 피드백을 받지 못해 힘들어하면서도, 막상 이런 칭찬을 편안히 받아들이지는 않기 때문이다. 자연스럽게 칭찬을 받는 단계에 이르려면, 가족 내에서 긍정적 피드백이 일상적으로 교환되어야 한다. 아이가 마음에 드는 행동을 했을 때 관심을 갖고 칭찬을 건네고, 배우자가 부모 역할을 멋지게 했을 때 그를 칭찬하려고 노력하면 된다. 내가 먼저 주변 사람들을 칭찬할수록 그들에게 긍정적 피드백을 더 많이 받게 된다. 시간이 흐르면서 칭찬하는 습관은 결국 우리 일상에 자리 잡을 것이고 이를 통해 우리는 부모로서의 자아상을 잘 가꿀 수 있게 된다.

책은 매우 좋은 치료제이다. 다른 사람을 불편하게 만들지 않으면서 민감한 질문에 접근할 수 있도록 도와준다. 칭찬하는 습관을 들이기 위해 아이들과 함께 읽으면 좋을 책이 있다. 클라우드 스타이너Claude Steiner의 《사랑 주머니 이야기The Original Warm Fuzzy Tale》28라는 동화책이다. 이 책에서는 칭찬을 따뜻하고 부드러운 이미지로 나타낸다. 이 칭찬을 들으면 따뜻하고 포근한 느낌을 받는 반면, '차갑고 따끔한' 말은 사람을 차갑고 신랄하게 만든다. 책의 내용처럼 일단 따뜻하고 다정한 이야기를 연습하게 되면, 칭찬의 말을 사용하는 습관이 부모와 자녀 사이에 자리 잡게 된다. 하루에 한 번 가족 구성원에게 따뜻하고 다정한 말을 건네면 좋다(배우자에게 아이에게, 조부모에게, 형제자매에게).

부정적 감정 차단하기

마지막으로 부모의 자아상을 개선하는 방법은 나를 관통하는 신체적·감정적 감각과, 이런 감각이 일상에 문제를 일으키는 순간을 알아차리는 것이다. 이를 위해서는 다음의 간략한 관찰표가 도움이 된다.

부모의 생각	신체적 감각	부모의 감정	부모가 보이는 행동	행동의 결과
이런 상황에서 머릿속으로 이렇게 생각한다.	이런 상황에서 몸에 이런 변화를 느낀다.	이런 상황에서 나는 이런 감정을 느낀다.	이런 상황에서 나는 이렇게 반응하는 경향이 있다.	이런 행동은 내가 느낀 감정의 강도를 높이거나(↗) 그대로 유지시키거나(=) 감소시킨다(↘).
또 그러네. 또 시작이야.	배가 거북하다.	분노	소리를 지른다.	(↗) 혹은 (=) 혹은 (↘)
일부러 저러잖아.	턱에 긴장이 느껴진다.	두려움	짜증을 낸다.	(↗) 혹은 (=) 혹은 (↘)
이제 더는 못해.	열이 난다.	슬픔	혼자 틀어박힌다.	(↗) 혹은 (=) 혹은 (↘)
나도 모르겠다.	심박수가 상승한다.	죄책감	무시한다.	(↗) 혹은 (=) 혹은 (↘)
진심으로 화난다.	호흡이 가빠진다.	부끄러움	아이에게 설교한다.	(↗) 혹은 (=) 혹은 (↘)
왜 저렇게 행동하지?	손과 몸 전체에 긴장감이 든다.	절망과 낙담	왜 그렇게 느끼는지 물어본다.	(↗) 혹은 (=) 혹은 (↘)
진짜 이상한 애야.	숨이 턱 막힌다.	무력함	입을 다문다.	(↗) 혹은 (=) 혹은 (↘)
내가 잘못하고 있나봐.	기타	기타	다른 일을 한다.	(↗) 혹은 (=) 혹은 (↘)
아니, 이번만은 안 돼. 피곤하다고.	기타	기타	아이의 주의를 딴 데로 돌린다.	(↗) 혹은 (=) 혹은 (↘)

제발 쟤가 빨리 어른이 되면 좋겠다.	기타	기타	다른 이에게 애를 봐달라고 떠넘긴다.	(↗) 혹은 (＝) 혹은 (↘)
이번엔 그렇게 하도록 둘 수 없어.	기타	기타	상대화하거나, 내 우선권을 생각한다.	(↗) 혹은 (＝) 혹은 (↘)
어떻게 해야 할지 모르겠다.	기타	기타	네가 선택하라고 말 한다.	(↗) 혹은 (＝) 혹은 (↘)
			차분하고 명료하게 내가 기대하는 것을 반복해서 말한다.	(↗) 혹은 (＝) 혹은 (↘)
			진정한 다음 다른 것 을 시도한다.	(↗) 혹은 (＝) 혹은 (↘)
			기타	(↗) 혹은 (＝) 혹은 (↘)

표 11-1 부정적 감정 관찰표

위에 소개된 표는 내가 아이에 대해 갖는 부정적 생각, 그와 연결된 신체적 감각, 이때 느끼는 감정과 당시 채택한 행동에 대해 생각해볼 기회를 제공한다. 이 중 잘못된 행동은 실패를 불러오고, 상황을 악화시킬 뿐이라는 것을 유념하자.

나를 둘러싼 감정을 일단 정리하고 나면, 때와 장소에 맞게 이를 표현할 수 있게 된다. 언제, 어디에서, 어떻게 그 감정이 올라오느냐에 따라 다르다. 이완 요법은 이러한 느낌을 빠르게 차단하고 나의 자아상과 아이와의 관계를 해치는 행동을 하지 않도록 도와준다. 복식호흡, 마음속으로 긍정적 이미지 떠올리기, 요가 같은 정교한 기법, 유토니* 또는 소프톨로지** 등 다채로운 방법을 통해 다양한 상황에서 부모 자신을 공격하는 부정적 감정의 강도를 약화시킬 수 있다.

부정적 감정을 차단하는 것 외에도 아이와의 관계를 돌봄으로써 긍정적인 정서적 경험을 불러일으키도록 노력해야 한다.

아이와의 관계 돌보기

따뜻함: 든든한 안전 기지 되기

아이가 의지할 수 있는 따뜻한 부모가 된다는 것은 다소 모호한 개념이다. 정확히 말하면 아이에게 정서적으로 안전한 느낌을 주고, 아이가 경험하는 일을 부모로서 중요하게 받아들이는 태도를 갖는 것을 의미한다. 정서적 안전감을 확보하기 위해서 부모는 스트레스에 노출된 아이가 다시금 힘을 얻고 안심하며 쉴 수 있는 안전 기지 역할을 해야 한다. 대표적인 예를 들어보자. 친척들이 다

---

* 몸의 감각을 자극하여 근육의 긴장을 조절하고 몸과 마음의 균형을 맞추는 기법.
** 육체·정신 훈련을 통해 안정된 마음과 신체를 얻기 위한 학문.

모인 가족 모임에 간 아이에게 삼촌이 다가온다. 삼촌은 아이에게 다가가 "우리 조카 좀 보자!"라고 말한다. 이 상황에서 스트레스를 받은 아이는 자신의 안전 기지로 숨어든다. 아이는 이처럼 안전 기지(대부분의 경우 부모)에서 힘을 얻은 덕분에 놀란 마음을 진정시키고 다시 탐험에 나설 수 있다.

이러한 안도의 과정은 아이의 정서 발달 과정에서 굉장히 중요하다. 아이는 돌발적인 상황에서 발생한 감정을 어떻게 처리해야 하는지 부모로부터 배우기 때문이다. 살아가면서 우리는 어떤 결과에 대해 분한 마음을 느낄 때, 자신의 혼란을 이해하고 함께해줄 안전 기지(부모, 가까운 친구)가 필요할 때, 그리고 자신이 부모가 되었을 때, 어려운 인생의 항로에서 자신을 이끌어줄 부모나 배우자에게 의지하고 싶은 욕구를 느낀다.

자녀를 위한 안전 기지가 되어주려면 부모는 어느 정도의 정서적 가용성(아이가 어려움을 극복하거나 감정을 공유하기 위해 부모인 나를 필요로 할 때 언제나 그 곁에 있어야 한다)과 감수성(아이가 어려운 상황을 겪을 때 내 지원이 필요하다는 것을 이해할 수 있어야 한다), 안심시키는 능력(신체적으로 곁에 가까이 있고, 아이를 어루만지고 포옹해주고, 친밀한 언어를 주고받고, 적극적으로 이야기를 들어주는 일)을 갖추어야 한다. 부모는 아이가 자신에게 중요한 존재이며, 아이가 겪는 일에 관심을 기울이고 있음을 직접 행동으로 알려준다. 이러한 과정을 통해 아이는 인생을 살아가는 데 필요한 긍정적인 자존감, 정신 건강에 유익한 정서적 안전감을 발달시킨다.

아이를 위해 부모가 훌륭한 안전 기지가 되도록 돕는 몇 가지 유의 사항을 소개한다. 자신에게 맞는 것을 적용하기 바란다.

- 아이 곁을 지키고, 부드러운 몸짓과 시선을 통해 사랑을 보여주어라.
- 아이가 일어났을 때는 "잘 잤니?", 아이가 잠자리에 들 때는 "잘 자렴"이라고 말하면서 아이를 안아주어라. 문자 그대로 팔로 아이를 감싸 안아주어야 한다.
- 아이에게 오늘 있었던 일, 좋아하는 친구, 좋아하는 활동에 대해 질문해라(식사 시간은 이런 질문을 하기에 특히 좋은 순간이다). 주저하지 말고 아이에게 부모인 당신의 하루는 어땠는지 들려주어라.
- 아이에 관한 결정을 내릴 때 아이의 의견을 물어보라.
- 아이에게 보내는 메시지 마지막에 '사랑한다' 같은 말을 넣어 애정을 언어로 표현하라. 도시락 가방에 애정이 담긴 짧은 메모를 넣어라. 이를 통해 당신이 아이를 얼마나 사랑하는지 말해주어라.

이러한 표현은 조금도 유난스러운 것이 아니다. 많은 부모가 이와 같은 애정 표현을 통해 자녀에게 안전하다는 확신을 심어준다. 하지만 번아웃 위험이 있는 부모는 아이에게 기울이던 노력을 그만두거나, 자녀와의 관계를 단단하게 만들어주는 애정 표현을 잊어버리는 일이 종종 발생한다.

아이와 즐거운 시간을 보내고 칭찬해주기

앞서 부모의 자아상을 돌보는 것이 중요하다고 설명한 부분에서 언급했듯이, 우리는 타인과의 관계에서 즐거운 순간보다 그렇지 않은 순간에 훨씬 더 주의를 기울이는 경향이 있다. 안타깝게도, 자녀와의 관계에서도 마찬가지이다. 아이가 소란을 일으키지 않거나 얌전하게 행동하면 아이에게 관심을 덜 쏟기도 한다. 대신 그 시간을 급하거나 중요한 일을 처리하거나, 본인을 위해 사용한다. 이 때문에 얌전한 성격으로 인해 관심의 결핍을 꽤 오래 경험하는 아이도 있다. 그러다 아이는 자기가 눈에 띄는 짓을 하면 부모의 관심이 자신에게 돌아온다는 것을 알게 된다. 이런 상호작용은 시간이 흐름에 따라 강화된다. 아이는 생각한다. '내가 얌전히 굴면 아빠나 엄마는 나에게 신경을 쓰지 않아. 내가 소란을 피우면 엄마 아빠가 내 곁으로 달려와.' 이는 부정적인 상호작용이지만, 어떤 아이는 이런 관심이라도 받고 싶어 한다.

긍정적인 순간에 아이에게 관심을 기울이는 것은 무엇보다 중요하다. 아이와 즐거운 순간을 공유하거나(예를 들면, 플레이모빌을 가지고 노는 아이 옆으로 다가와 앉거나 아이가 하는 놀이에 참여하기), 의젓하게 행동하는 아이에게 얼마나 대견한지 표현하는 등(예를 들면 앞서 따뜻한 격려와 칭찬 건네기) 방법은 다양하다. 아이와 긍정적 순간을 공유하기로 마음먹었다면, 충분히 몰입하여 그 시간을 즐거움으로 충만한 시간으로 만들어야 한다. 이를 위해 기억해야 할 원칙은 이러한 순간은 즐거움을 함께 나눌 때만 가능하다는 점이다. '아이와 부모'는 애써서 노력한다는 인상 없이 더불어 기쁨을 얻어야 한다.

아이가 행복을 느끼는 순간은 부모가 곁에 있다는 사실을 깨달을 때다. 부모의 존재는 아이의 기쁨을 더욱 커지게 한다. 예를 들면 부모가 아이의 플레이모빌 놀이에 진심을 다해 함께하는 순간이다. 물론 자신의 놀이에 누군가 끼어들어 간섭하거나, 자기가 오랫동안 고심해 배치한 피규어의 위치를 바꾸어놓는 것을 안 좋아하는 아이도 있기는 하다. 반대로 어떤 아이는 부모가 참여하는 놀이를 훨씬 즐거워한다. 또 어떤 아이는 공원에서 아빠와 친구들과 함께 축구하는 걸 반가워한다. 간혹 너무 경험이 많은 어른이 끼어드는 걸 부당하게 느끼는 아이들도 있기는 하다(예를 들어 아빠가 들어간 팀은 항상 아이만 있는 팀보다 경기에 유리할 것이므로).

부모가 행복을 느끼는 순간은 자녀와 함께한 활동에서 실제로 즐거운 기분을 경험할 때다. 좋아하지 않거나 지루한 활동에 억지로 참여할 때는 행복감을 오래 지속하기 어렵다(한두 번 참여했다가 금방 빠져나오게 된다). 게다가 부모가 지루하게 느낀다는 사실을 아이도 알아차린다. 아이는 부모가 자기와 있는 순간을 좋아하는지 그렇지 않은지 단번에 알 수 있기 때문이다. 그러므로 부모도 관심이 있고 아이도 좋아할 만한 활동을 제안하는 것이 중요하다. 이야기책 읽기, 보드 게임하기, 만들기, 산책하기, 자전거 타기, 과자 굽기, 그림 그리기, 수영장 가기, 운동하기, 극장 가기 등 다양한 활동에서 각자의 취향과 여건에 맞는 즐거운 순간을 공유하는 활동을 찾아낼 수 있을 것이다. 그중 부모와 아이 모두에게 즐거운 활동을 찾아내면 그 활동을 규칙적으로 해보자(예를 들면, 일요일 아침마다 수영장 가기, 잠자리에 들기 전 보드 게임 하거나 이야기책 읽기). 부모가 아이에게 집중하는 시간이 생겼다는 것, 즐거움을 공유하는 시간이 항상 있을 거라는 사실을 아이에게 알려주어야 한다.

핵심 이미지를 활용해 아이의 눈높이에서 보기

자녀의 경험과 행동을 이해하려는 부모의 노력은 좋은 결과로 돌아온다. 그런데 번아웃에 빠진 부모는 의기소침해지거나 우울감에 빠지는 등 움츠러들게 된다. 이렇게 되면 타인의 관점에서 생각하는 일, 즉 다른 사람의 입장을 이해하는 일이 어렵게 느껴진다. 따라서 아이의 행동을 잘못 해석할 위험에 놓인다. 즉 아이가 자신에게 상처를 주었다고 받아들이고 잘못 해석하는 것이다.

예를 들면, 엄마가 학교 정문 앞에 어린 아들을 마중나왔다. 아들은 친구들과 슈퍼히어로 놀이를 하는 데 빠져서 집에 가지 않겠다고 떼를 부리고 사람들 앞에서 화를 낸다. 그리고 집에 돌아오는 내내 부루퉁한 얼굴로 앉아 있다. 이때 두 가지 해석이 가능하다. 엄마가 아이의 관점에서 생각한다면, 아이는 엄청나게 재미있는 놀이를 그만해야 한다는 사실 때문에 실망해서 화를 내고 거부하는 행동을 보인 것이다. 반대로 엄마가 자기 관점에 빠져 있다면, 아이가 거부하고 화를 내는 모습에서 자신에게 맞서려는 공격적 행동을 볼 것이다. 그러면 '우리 아이는 나를 좋아하지 않아', '내가 데리러 가도 좋아하지 않는구나', 더 나아가 '우리 아이는 진짜 다루기 힘들어' 같은 부정적 생각이 뒤따른다.

아이의 관점을 이해하고 아이의 눈높이에서 보는 태도는 긍정적 관계를 유지하는 데 무척 중요하다. 그렇게 하면 위와 같은 사례에서도 엄마는 공격적이고 죄책감을 유발하는 일방적 해석을 멀리할 수 있게 된다.

이를 연습하려면 '핵심 이미지'를 활용하면 좋다. 아이와 함께 경험한 상황 중 내가 힘들게 느꼈던 상황을 골라 보면 되는데, 여기서는 위에서 예로 든 화내는 아이 사례로 연습해보자.

우선 사람이 없는 조용한 장소에 자리 잡는다. 잠자리에 들기 전 침대에 앉은 채로 이 연습을 해도 된다. 눈을 감고서 당신이 학교 주차장에 차를 주차한 순간부터, 아이가 차에 타고 내내 부루퉁한 얼굴로 집으로 돌아올 때까지 일련의 장면을 하나씩 떠올려 본다. 그 장면을 정확한 언어로 바꾸어 당시 사건을 묘사해야 한다. 예를 들어 그때 날씨는 어떠했고, 학교에 도착할 때 우리의 기분은 어떠했는지, 입고 있던 옷은 무엇이었는지, 몸 상태는 어떠했는지(너무 덥거나 너무 추웠다든지), 도착하기까지 우리 눈에 보인 것은 무엇인지(운동장에 아이들이 많았나? 아이들을 관리하는 어른은 몇 명이

었나?) 같은 것을 상세히 떠올린다. 당시 상황을 구성하는 요소들을 정확히 떠올리는 것이 중요하다. 나중에 아이 관점에서 장면을 되새길 때 도움이 되기 때문이다. 이렇게 내 관점에서 본 사건들을 머릿속에서 펼쳐놓고 잠시 동안 눈을 뜬 채 가만히 있어본다.

그러고 나서 다시 눈을 감고 그 상황으로 들어간다. 이번에는 그 운동장에 있던 아이의 눈으로 상황을 표현한다. 엄마의 차가 도착하는 걸 아이는 어떻게 발견했는지(혹은 발견하지 못했는지), 엄마가 학교 정문에 도착하는 걸 어떻게 보았는지(혹은 보지 못했는지), 아이가 엄마를 알아보았을 때 혹은 엄마가 자신을 부르는 걸 처음 들었을 때 아이가 어떤 기분이었으며 그때 누구와 무엇을 하고 있었는지 등등을 떠올린다. 이렇게 아이의 시점에서 그날 있었던 일을 되짚어보는 연습을 계속하면 아이의 반응을 다른 방식으로 해석하는 능력을 키울 수 있다. 위에 언급한 사례의 경우 엄마는 자기중심적 사고에서 벗어나는 연습을 통해, 아이의 반응이 엄마에 대한 반감에서 비롯된 것이 아니라 놀이를 그만두어야 해서 생긴 실망감을 표현한 것이라는 사실을 비교적 수월하게 깨달을 수 있었다.

이렇듯 핵심 이미지는 부모가 상황을 자녀의 관점에서 바라볼 수 있는 가능성을 열어준다. 이뿐 아니라 가족이 그간 겪은 사건들(부모의 다툼 등)이 가족 구성원의 행복과 행동에 어떠한 영향을 미쳤는지 헤아리게 해준다. 또한 아이가 보인 반응이 어떤 의미인지 더 잘 이해할 수 있고, 이에 따라 부모 자신의 행동을 조절할 수 있게 된다. 아이의 반응이 엄마에 대한 반감 때문이 아니라, 상황상 느낀 실망감 때문이라는 점을 깨달으면, 엄마는 아이의 감정을 잘 인식하고 정상적인 것으로 받아들여줄 수 있다("노느라 한참 재미있던 와중에 집에 가야 해서 네가 속상했다는 걸 이해한단다. 엄마가 너였다고 해도 진짜 속상했을 거야!"). 그러고 나면 아이의 경험에 관심을 보여 아이를 진정시킬 수도 있을 것이다("그 놀이 진짜 재미있어 보인다. 거기서 네가 맡은 역할이 뭐니? 규칙이 어떻게 되지? 그 놀이를 생각해낸 게 너야? 내일 어떻게 이어서 놀 거야?"). 이렇게 하면 엄마가 부정적 영향을 받을 일은 거의 없다. 부모의 자아상도 지키면서 아이와의 관계도 긍정적으로 유지할 수 있을 것이다.

소속감과 안전감을 위한 올바른 규율 정하기

긍정적인 부모란 아이를 자유방임으로 키우는 부모를 의미하지는 않는다. 아이는 소속감과 안전함을 느낄 수 있는 내부의 울타리가 필요하다. 수많은 부모를 인터뷰한 끝에, 우리는 아이에게 규율을 부과하지 않는 부모 중에는 '아이란 모름지기 자유롭고 구속 없이 자라야 한다'라고 추상적으로 생각하는 부모들(소수이며 다소 이상주의적인 면이 있다)이 있다는 것을 알게 되었다. 반면 아이에게 일일이 규율을 적용하느라 지친 부모들(다수에 해당한다)도 존재했다. 자녀 교육은 실제로 엄청난 에너지가 드는 일이므로(모든 부모가 이에 동의할 것이다) 부모는 이로 인한 탈진을 경험한다. 하지만 이런 부모는 아이에게 적용하는 규율에 문제가 있는 경우가 많다. 부모가 규율을 적용하느라 피로를 느낀다면, 이것은 지도하는 부모를 너무 구속하는 규율이라서 그렇다. 과도한 규율과 원칙을 적용하는 것은 아이의 나이와 능력을 생각할 때 적절하지 않다.

이 두 가지 경우에 아이는 규율을 따르지 못해 부모의 말을 자주 거스르게 된다. 아이의 주의력과 자기 조절 능력만으로는 동시에 여러 가지 지시를 따를 수 없다. 마치 회사 내규가 너무 엄격한 경우, 직원들이 그 규칙을 다 받아들일 수 없는 것과 같다. 아이에게 밥을 먹으며 다음과 같은 규칙들, 즉 '접시에 있는 음식은 남기지 않고 먹기 + 수저나 포크를 더러운 상태로 테이블에 내려놓지 않기 + 먹으면서 동시에 음료 마시지 말기 + 음식을 씹을 때 입을 다물기 + 의자를 흔들지 않기 + 대화 중 다른 사람이 말할 때 끼어들지 말기 + 기타 등등'을 동시에 지키라는 것은 엄청나게 힘든 요구를 하는 것이다. 아이가 이를 지키는 것은 불가능하다. 이런 규칙들은 대부분 아이가 의미를 이해하기에 너무 복잡하다. 예를 들어 2세인 아이에게 밥을 다 먹은 후 접시를 뒤집지 말고 치우라고 하는 것은 너무 어려운 요구이며, 그 나이의 아이에게 아무런 의미도 없다.

규율에 얽매이느라 아이의 행동에서 정도의 차이를 파악하지 못하는 것도 문제가 된다. 규율을 벗어난 아이의 행동은 무엇이든 상황이나 맥락에 따라 생각해볼 필요가 있다. 어떤 부모는 세탁 바

구니에 양말을 넣지 않는 행동을, 형제를 때리는 일, 거짓말을 하는 일, 사탕을 너무 많이 먹는 일과 같은 수준으로 심각하게 여긴다. 이러한 행동을 할 때마다 부모가 일일이 제지해야 한다면, 부모는 탈진에 이르거나 정반대로 아이가 실제로 문제되는 행동을 해도 여사로 여기는 현상이 일어난다.

긍정적 규율이란 제한선이 있고(단 너무 많은 규칙을 적용하지 않는다), 아이의 이해력과 능력 수준에 따라 조정되며, 정도의 차이까지 반영해야 한다(규율이 전부 똑같이 중요하지는 않다). 번아웃 상황에 이른 부모는 특히 이 규율 문제에서 위험할 수 있다. 너무 지친 나머지 아이의 요구 사항을 제대로 듣지 못하거나, 정도의 차이를 알아차리지 못하거나, 너무 엄격하게 규율을 적용하기 때문이다.

긍정적 규율을 적용하기 위해, 다음의 표 11-2에 제시한 세 가지 기준의 도움을 받기 바란다. 첫 번째 칸에는 내가 절대 받아들일 수 없는 아이의 행동이나 태도가 포함된다. 두 번째 칸에는 참아줄 수는 있으나 어쨌든 문제가 될 수 있는 행동이 포함된다. 세 번째 칸은 무시해도 괜찮은, 일시적으로 그걸 해도 그리 심각하지 않은 행동이 포함된다. 부모에 따라, 허용 가능한 기준에 따라, 각자가 추구하는 교육적 우선순위에 따라 이 세 칸에 들어갈 항목이 달라진다.

절대 해서는 안 되는 행동	참기 어려운 행동	참아줄 수 있는 행동

표 11-2 올바른 규율을 세우기 위한 기준

이 세 가지 항목을 작성해봄으로써 나의 교육관을, 즉 용인할 수 있는 것과 그렇지 않은 것의 기준을 다시 한 번 정리할 수 있을 것이다. 이러한 간단한 연습으로 부모는 아이의 행동을 상대적 관점에서 생각해보고, 본인의 에너지를 훨씬 중요한 일에 집중할 수 있게 된다. 동시에 가장 중요한 것과 덜 중요한 것의 개념을 아이에게 가르쳐줄 수 있고, 이에 대해 어떤 피드백을 줄 것인지 조절할 수 있다.

아이와 긍정적 관계를 키워나가기 위해(부모 자신의 내면을 소모하지 않기 위해) 규율의 범위는 절대 받아들일 수 없는 행동과 참기 어려운 행동, 두 가지 정도로 제한하는 것이 좋다. 아이에게 한꺼번에 너무 많은 지시나 규칙을 부과하지 않도록 주의하자. 그리고 규율이 일단 정해지면 이를 위반하지 않도록 하자. 부모는 이 규율을 아이에게 적용하도록 노력을 기울이고, 아이는 규율이 타협 불가능한 것임을 인지해야 한다. 이것은 양쪽 모두에게 중요한 기준이 된다. 규율이 매일의 루틴으로 자리 잡으면 훨씬 힘을 덜 들이고 규율을 지킬 수 있다.

일관성 있고 균형 잡힌 벌 주기

규율을 정했다면 아이가 이를 따르도록 만들어야 한다(그렇지 않으면 규율은 무용한 것이 된다). 이를 위해 아이가 규율을 잘 따를 때마다(칭찬의 중요성은 앞서 강조한 바 있다) 부모는 자신이 얼마나 기쁜지, 아이를 얼마나 자랑스럽게 여기는지 말해주어야 한다. 반대로 규율을 따르지 않는 일은 받아들일 수 없다고 말해주는 것도 중요하다. 아이가 규율을 잘 지키지 못했을 때는 말로 지적하거나 규율을 다시 알려주는 것으로 충분하다.

이렇게 해도 안 될 때에는 이따금 아이에게 벌을 줄 필요가 있다. 그래야 부모가 정한 규율을 아이가 거스르는 일이 줄어든다. 벌을 주면서도 긍정적인 효과를 내려면 일관성 있게, 진정된 상태로, 균형 잡힌 방식을 준수해야 한다. 일관성 있게 벌을 준다는 것은 아이가 주어진 규율을 어겼을 때에만 벌을 준다는 것이다. 예를 들어, 아이가 형제에게(혹은 다른 아이에게) 공격적으로 행동하면, 아이는 예외 없이 홀로 떨어져 2분간 의자에 앉아서 반성한 후 형제에게 용서를 구해야 한다.

진정된 상태로 벌을 준다는 것은 아이에게 강압적으로 대하거나 점진적 분노 표출(힘겨루기)을 하지 않는다는 의미이다. 부모는 과잉 대응하지 않고(예를 들어 아이가 소리를 지를 때 더 크게 소리를 질러 진압하지 않는 것), 아이가 잘못된 행동을 하면 그에 대한 용서를 빌게 하고, 부주의한 행동으로 물건을 깨뜨리면 그 깨진 조각들을 모아서 줍는 것을 도와주어 '행동을 교정하는' 방식으로 벌을 주어야 한다.

균형 잡힌 벌이란 부모가 지적하고 싶은 부정적 행동에 걸맞은 정도의 벌을 준다는 의미이다. 아이가 다른 사람을 공격했다는 이유로 아이의 멱살을 잡고 강제로 벌을 주는 행위는 금물이다. 이런 과정을 통해 아이는 어떤 행동이 얼마나 심각하고 그렇지 않은지 판단하게 된다.

번아웃 증후군에 빠진 부모의 경우, 일관성 있게 진정된 상태로 균형 잡힌 방식을 따르는 일이 늘 쉽지는 않을 것이다. 이들은 아이를 ICE(비일관성, 강제성, 점진적 분노 표출) 형태로 교육하는 경향이 있기 때문이다. 번아웃에서 벗어나고 부모 역할의 균형을 회복하려면, 긍정적 효과를 가진 벌을 주는 연습이 중요하다.

나가는 말

번아웃이라는 주제 특성상 이 책을 어디에서든 편하게 읽기 어려울 지도 모른다. 머리로는 괜찮다고 생각하면서도 정서적으로 거부감을 느낄 수도 있다. 상세한 번아웃 경험담이나 인터뷰 내용을 읽고 나면 의기소침해지기도 할 것이다. 부모 번아웃을 예방하거나 극복하기 위한 다양한 과정을 이 책 전반에 담았지만, 여전히 비관주의적 관점을 취하는 독자도 있을 것이다.

'나락에 떨어졌을 때', 어떤 것도 제대로 되지 않고 아무런 의욕이나 기력이 없을 때 그래도 일이 잘되어갈 거라고, 나에게는 아직 나를 보호할 자원이 있고 이 상태에서 빠져나갈 수 있으리라고 희망을 품는 일은 쉽지 않다. 그러나 부인할 수 없는 사실이 있다. 번아웃은 한번 빠졌다고 해서 평생 안고 살아가야 하는 장애가 아니라는 점이다. 번아웃에는 끝이 있다. 어떤 이는 2주간 지속되고

(짧은 번아웃도 심각할 수 있다!), 어떤 이는 4개월간, 어떤 이는 2년간 지속될 수도 있다. 하지만 자신의 욕구를 최악의 상태로 방치하지만 않는다면, 번아웃은 결국 끝이 난다. 일단 번아웃에서 빠져나오고 나면, 내면의 힘을 회복하고 다시금 부모로서의 기쁨을 만끽할 수 있다.

그저 학문적 확신만으로 희망의 메세지를 전하려는 것은 아니다. 몇 년 전, 나 역시 위험 요인이 보호 요인을 압도해버리는 상황에 처한 적이 있다. 당시 나는 나락으로 떨어졌다. 서서히 그러나 뚜렷하게 탈진 상태로 옮겨가고 있었다. 개인적으로 이 책에서 묘사한 수많은 일을 경험했지만, 결국에는 그로부터 벗어날 수 있었다.

우연한 기회로, 나는 이자벨과 만나 처음으로 공동 작업에 착수했다. 이자벨은 전부터 알고 지내던 동료였으나 함께 일한 것은 이번이 처음이었다. 이자벨은 아이가 다섯이 있지만 번아웃 경험은 없었다. 우리 두 사람은 함께 번아웃 현상을 연구하고, 한 권의 책을 집필하며 지적이고도 풍성한 인간적 교감을 경험했다. 한 사람은 번아웃 현상을 온몸으로 경험했고, 다른 한 사람은 어떻게 하면 '최선을 다해' 자신을 보호할 수 있는지(완벽하게 자신을 보호하는 것은 불가능하다) 알고 있었다.

이 책이 부모 독자의 번아웃을 예방하거나 좀 더 신속하게 번아웃을 극복할 수 있도록 도와준다면, 우리의 소임은 다한 것이다.

우리 연구에 참여한 부모 수천 명이 바라는 바도 우리와 다르지 않을 것이다.

감사의 말

우선 본인의 경험담을 기꺼이 들려주고 연구 및 인터뷰에 참여해 준 부모님들에게 가장 먼저 감사의 인사를 전한다. 이 책은 그분들이 없었다면 쓸 수 없었을 것이다. 또한 이 프로젝트에 열정을 보여준 편집자 카롤린 롤랑, 그리고 교정에 참여한 세실 위스케, 마르탱 위스케와 마리안 부르귀농에게도 감사를 전한다. 마지막으로 가족들의 도움에 대한 고마움을 빼놓을 수 없다. 우리 부모님들(부모라는 일이 얼마나 많은 것을 요구하는지 이 책이 보여주고 있다), 그리고 남편, 아이들이 보여준 한결같은 애정과 인내에 감사한다.

후주

1장

1   Gisèle George, Paris, Odile Jacob, 2006.

2   프랑스공동체의 지원을 받은 벨기에의 가정폭력 예방 캠페인

3   Isabelle Filliozat (http://www.youtube.com/watch?v=8dp9MZF9XHA)

4   http://documentation.reseau-enfance.com/IMG/pdf/2006Positive Parenting MDrep_fr.pdf.

5   Sandrine Dury, *Coaching jeune* maman, Paris, Mango, 2014.

6   Laurence Pernoud, *J'élève mon enfant*, Agnès Grison과 공저, Paris, Horay, 매년 재발행

7   Anne Bacus, *Le Guide pratique des mamans débutantes*, Paris, Marabout, 2014.

2장

8   Quoidbach, 2010, Argyle(1999)의 연구에서 영감을 받음(저자 허락 후 재인용)

3장

9   Herbert J. Freudenberger, "Staff-burn out", *Journal of Social Issues*, 1974, 30 (1), p. 159-165, ici p. 160.

10   D. Szczygiel, M. Mikolajczak, "Burnt-out, irritable and angry? Not necessarily. Emotional intelligence buffers the effect of burn-out on anger-

related emotions", 출판용 기사

11 Stéphanie Allénou, *Mère épuisée, Paris*, Marabout, 2012, 81, 92-94.

12 Moïra Mikolajczak, James J. Gross, Isabelle Roskam, "Parental burnout : What is it and why does it matter?", *Clinial Psychological Science*, 2019, 7, 1319-1329.

13 Logan Hansotte, Nathan Nguyen, Florence Stinglhamber, Isabelle Roskam, Moïra Mikolajczak, "Are all burned out parents neglectful and violent? A latent profile analysis", *Journal of Child and Family Studies* (기사 형식)

14 Maria Elena Brianda, Isabelle Roskam, James J. Gross, Aline Franssen, Florence Kapala, France Gérard, Moïra Mikolajczak, "Treating parental burnout: Impact of Two treatment modalities on burnout symptoms, emotions, hair cortisol, and parental neglect and violence", *Psychotherapy and Psychosomatics*, 2020, 89 (5), p.330-332.

15 Moïra Mikolajczak, Maria Elena Brianda, Hervé Avalosse, Isabelle Roskam, "Consequences of parental burnout: Its specific effect on child neglect and violence", *Child Abuse and Neglect*, 2018, 80, 134-145.

16 앞의 자료.

17 앞의 자료.

18 Maria Elena Brianda, Isabelle Roskam, Moïra Mikolajczak, "Hair cortisol concentration as biomarker for parental burnout", *Psychoneuroendocrinology*, 2020, 117, 104681.

4장

19 I. Roskam, M.E. Brianda, M. Mikolajczak, "A step forward in the measurement of parental burnout : The Parental Burnout Assessment", *Frontiers in Psychology*, 2018, 9, 758. 한국어 진단지 출처는 엄문설·이양희(성균관대학교), https://www.burnoutparental.com/_files/ugd/5660ec_1f9469c4b8b6464a9f6dc7867f3f3071.pdf

5장

20 Laurence Pernoud, 앞에서 인용한 책

21 Sandrine Dury, 앞에서 인용한 책

22 Herbert J. Freudenberger, *Burn-out. How to Beat the High Cost of Success*, New York, Anchor Press, 1980.

6장

23 Moïra Mikolajczak, Marie-Émilie Raes, Hervé Avalosse, Isabelle Roskam, "Exhausted parents : Sociodemographic, child-related, parent-related, parenting and family-functioning correlates of parental burnout", *Journal of Child and Family Studies*, 2018, 27, 602-614쪽

9장

24 Martin Desseilles, Moïra Mikolajczak, *Vivre mieux avec ses émotions*, Paris, Odile Jacob, 2013.

10장

25 '파랑 앙 주'는 2002년 1월에 프랑스 벨뷔 구역과 낭트 데르발리에르 구역 주민 공동체가 만들었다. 구상: 놀이 교육학 전문가 샹탈 바르텔레미-뤼즈Chantal Barthélémy-Ruiz, 제작 및 출판: 놀이 교육학 및 트레이닝 놀이 전문가 에딜뤼드 www.edilude.com

26 http://www.pipsa.be/outils/detail-2139613814/paroles-de-parents.html

27 http://www.fileasbl.be/membres/outils/felix-zoe-boris/

11장

28 Claude Steiner, *Le Conte chaud et doux des chaudoudoux*, Paris, InterÉditions, 2009.

옮긴이 김미정

이화여자대학교 불문학과와 이화여자대학교 통역번역대학원 한불번역학과를 졸업했다. 출판사에서 편집자로 일하다, 현재는 연희동에서 밤의서점을 운영하며 번역가로 활동하고 있다. 옮긴 책으로 《어린 왕자》《알레나의 채소밭》《파리의 심리학 카페》《경쾌한 사색자, 개》《잠자는 숲속의 공주를 찾아서》《재혼의 심리학》《기쁨》《고양이가 사랑한 파리》《페미니즘》《미니멀리즘》 등이 있다.

부모 번아웃

첫판 1쇄 펴낸날 2022년 4월 5일
   2쇄 펴낸날 2022년 5월 25일

지은이 모이라 미콜라이자크·이자벨 로스캄
옮긴이 김미정
발행인 김혜경
편집인 김수진
책임편집 전하연
편집기획 김교석 조한나 김단희 유승연 임지원 곽세라
디자인 한승연 성윤정
경영지원국 안정숙
마케팅 문창운 백윤진 박희원
회계 임옥희 양여진 김주연

펴낸곳 (주)도서출판 푸른숲
출판등록 2003년 12월 17일 제2003-000032호
주소 경기도 파주시 심학산로 10(서패동) 3층, 우편번호 10881
전화 031)955-9005(마케팅부), 031)955-9010(편집부)
팩스 031)955-9015(마케팅부), 031)955-9017(편집부)
홈페이지 www.prunsoop.co.kr
페이스북 www.facebook.com/simsimpress   인스타그램 @simsimbooks

ⓒ 푸른숲, 2022
ISBN 979-11-5675-946-1(03590)

심심은 (주)도서출판 푸른숲의 인문·심리 브랜드입니다.